收錄超齊全人氣品種
四季栽培管理詳解

Cacti & Succulents

多肉植物・仙人掌圖鑑 800

監修　仙人掌諮詢室・羽兼直行

可 愛 的 多 肉 植 物 家 族

體內儲存大量水分，

莖或葉肥厚、膨大的植物被稱為多肉植物。

有的擁有透明葉窗，有的帶著銳刺，有的被白毛覆蓋，

各種姿態、各異其趣，可愛的模樣充滿魅力。

很多種類用小盆器就能栽種，只需窗邊一點點的空間，

就能種植 20 ～ 30 種，打造美麗的多肉園地。

只要望著窗邊那一盆盆小多肉，

不知不覺就會忘記時間的流逝。

多肉植物分布於世界各處，約有 15,000 種以上。

透過交配等方法培育出來的園藝品種也非常多。

光是一般在市面上流通的應該就有數千種以上。

本書裡刊載了其中約 800 種。

即使是經常不在家，很忙碌的人也沒問題。

窗邊、陽台或桌上等等小地方就能栽種，

請盡情享受與這些可愛多肉植物為伍的樂趣吧！

多肉植物的魅力

• 01

個性化的造型

彷彿主題造型般的獨特姿態，
很適合做為居家的綠色景觀
植物。

• 02

豐富多彩的顏色

葉子會隨著季節產生不同的
葉色變化。甚至還有透明的
獨特種類。

• 03

美麗的花朵

許多種類都會綻放鮮艷的花
朵，為季節妝點美麗動人的
色彩。

• 04

種類豐富繁多

各式各樣的種類，樣式豐富
繁多。能享受收集自己喜歡
的品種的樂趣。

• 05

能享受組合盆栽的樂趣

種類多又容易種植，可以創
造各式各樣的多肉組合盆栽，
非常有趣。

• 06

小小空間就能種植

種類若經過挑選，在 1 平方
公尺的空間內，甚至可以栽
種超過 100 種。

CONTENTS

Cucti & Succulents

多肉植物‧仙人掌圖鑑 800

PART 1

單子葉類

PART 3

番杏科（女仙類）

PART 4
景天科

PART 5

大戟科

PART 6
其它多肉植物

═══ PART 7 ═══
栽培的基本知識

本書編排與查閱方式

● 多肉植物圖鑑的排列方式

本書裡，為了容易區分外形相似的種類，將為數眾多的多肉植物依科別、屬別列示。將依序於 Part1 ～ Part5 個別介紹單子葉類、仙人掌、番杏科（女仙類）、景天科、大戟科。未歸屬於這 5 類的，則在 Part6「其它多肉植物」裡介紹。同一個科裡，基本上會按屬名的英文字母順序排列。同一個屬裡若有很多個種，會按種小名的英文字母順序排列，交配種等等的名稱則是加在種小名後面（可能會有不按英文字母順序排列的情況，科名等是依據採用最新分子生物學成果的 APG 分類法）。

● 栽培指南

按照個別屬名，先說明該屬的特徵及相關資料，然後再逐一介紹該屬裡面的種。同時也整理了在科名或屬名分類上位置相近的族群名稱。因為科名或屬名相同的，在系統上屬於近緣種，在性質或栽種方法上也會有很多相似之處，因此除了種名或是流通名，若能記下科名、屬名，栽培上也會比較容易。此外，照片裡的每個種，會同時列示流通名（或是種名）和學名，並介紹該種的特徵。

● 基本資料的查閱方式

科　名	所屬的科名
原產地	該屬主要的原生區域
生長期	主要生長季節
給　水	依據季節的適當給水次數
根　粗	根的型態
難易度	栽種的難易程度。★的數量越少代表越容易栽種，越多則越難栽種

審定序 ＜園藝研究家 · 愛花人集合 版主＞ 陳坤燦

按圖索驥，掌握 800 餘個市面上常見與摩登新品

不知道從什麼時候開始？街市與網路上開始出現多肉植物專賣店，花店、苗圃也紛紛劃出多肉植物專區，擺放著美麗的多肉植物盆栽與組合設計作品。網路上專業網站與同好社群間豐富熱烈的資訊交流，可以知道這個植物界中的特殊族群，迅速發展成觀賞園藝中的「顯學」，讓人無法忽視他們的存在。

多肉植物因為可愛、奇特的外貌，精美如雕塑藝品般的多樣造型，令人一看就會愛不釋手，除了園藝愛好者之外，甚至還吸引原本沒有栽培植物的人們喜愛，興起收集種植的欲望，幾近成為「國民植物」般的栽種熱潮。加上大多數種類只要放置在陽光充足且不淋雨的位置，節制澆水的日常照護，就能夠讓他們順利的活著。如此輕鬆無負擔的簡單栽培方式，讓人們幾乎沒有拒絕栽培他的理由。

主要分佈於歐、亞、非與美洲大陸乾燥地區的多肉植物，分屬 50 幾個科，有上萬個原生種，加上許許多多人們雜交育出的園藝品種，使得這個園藝族群精彩萬分，但就因為多肉植物如此多樣，在名稱辨識上有相當程度的困難，這是愛好者最困惑難解的事。幸而有本書的出版，讓多肉植物愛好者可以按圖索驥，掌握 800 餘個市面上較常見與摩登新品的名稱。在栽培上，不同種類生長習性也不盡相同，讓許多人繳了「學費」摸索，仍未能掌握栽培的要領。如果能辨識出種類並依依照書中的簡單栽培原則，基本上就能不犯錯的好好養護他們，輕鬆愉快的享受多肉植物帶來的樂趣。

還沒種過多肉植物嗎？希望本書精美的圖片，可以吸引到各位讀者的青睞，抽個空逛逛花市花店，親眼欣賞領略多肉植物的魅力，相信你也會深陷其中無法自拔。

陳坤燦

園藝研究家，喜歡研究及拍攝花草，致力於園藝推廣教育。
現任職於台北市錫瑠環境綠化基金會。部落格「愛花人集合！」版主，
發表園藝相關文章一千餘篇，堪稱花友及網友最推崇的園藝活字典。

● Blog：愛花人集合！
http://i-hua.blogspot.tw/

羽兼老師不僅專業，更將多肉植物帶向藝術層次

認識羽兼老師是在許多年前於福祥，當時與老師相談甚歡並且相約至羽兼老師位於群馬縣的園子學習。

在那我看到了老師有著日本人特有的細心與耐心與老師獨特的藝術氣息。溫室內及家裡收藏著老師豐富的書籍。除了多肉植物專業書外，更有著許多多肉植物的文化及美感雜誌。從老師原先美術與美感的天份出發，再加上更多的植物專業，醞釀出老師許多"植物與生活"的藝術。

在多肉植物的品種上，老師的園子內更是豐富且多元，在溫室內處處可見老師的用心與細心，一個個的交種一一掛上父系母系，一株株細心栽培的多肉植物，讓人醉心且讚嘆。群馬縣的溫度向來是四季分明，日本的最高溫也經常是出現在群馬縣，多肉植物在這樣的環境下，還能有如此漂亮的呈現真的很厲害。

在此真的要大力推薦，於此書中，特別收錄了 800 種的多肉植物。在這裡面可以看到老師許多用心栽培出的多肉植物，並且提供老師栽培多肉植物的經驗與心得。有鑒於坊間各種名字及品種繁雜混亂，非常感謝老師的無私與用心，能夠出這本圖鑑與大家分享他的多肉世界，在此跟大家推薦，一定要收藏一本！

嚴國維赴日向羽兼老師學習，兩人合影於群馬縣。

嚴 國 維

福祥仙人掌第二代，延續父親四十年專業栽培仙人掌與多肉植物心血，占地五公頃栽培近萬種多肉植物，讓福祥更多元且邁向企業化經營。

● 官網：http://www.fuhsiang.com
● ＦＢ：福祥仙人掌與多肉植物園

照片拍攝／希莉安

希 莉 安

居住於東京，因迷戀於多肉植物而自詡為「多肉僕人」，每日生活已和多肉緊緊相繫，目前陽台的多肉大軍仍在成長之中。著有《希莉安的東京多肉植物日記》。

● Blog：希莉安的東京生活
http://silian.pixnet.net/blog

親訪羽兼先生的溫室，簡直就像是收藏館！

已經很久沒有寫關於多肉植物的文章的我，在得知羽兼直行先生於 2015 年 3 月在日本所出版的多肉植物圖鑑一書將在台灣出繁中版，並得到出版社的推薦文邀約後，不加思索的馬上答應下來。能為被稱為「多肉植物藝術家」的羽兼先生的新書寫推薦文，是非常榮幸的一件事。

第一次見到羽兼先生是在二年半前，才剛到達他的溫室外就見到他利用報廢的老爺金龜車結合多種色彩及為數不少的多肉植物佈置成豐富又多彩的多肉金龜車，氣派的組合就置於溫室前方。這豪華的多肉組合令我大為嘆服。進入他的溫室後，眼前的多肉在溫度和水份適宜控制下，株株都顯現出美麗的形態和色彩，讓我不停的按下快門之外，還無法控制的一直邊拍邊唸：好美啊！天吶！怎麼可以種成這麼美！

羽兼先生是我在目前所知，唯一一位對景天科石蓮屬（*Echeveria*）情有獨鐘並深入研究和栽培的石蓮屬愛好者。對於愛好 *Echeveria* 的我來說，他的溫室就像是石蓮屬收藏館，他除了收集國外少見的品種外，也會跟國外訂購種子來播種。更另我佩服的是，在開花期他會很有耐心及仔細的替同屬不同種的植株做交配、記錄、採種、播種，並從中挑選出優良及特異的植株出來栽培。在開花期中見到串串花序上掛著仔細寫下的交配親本學名，這不是一件簡單的事，能如此用心讓我由衷的敬佩。

雖然栽培及配種過上千品種，但隨手拿起一盆詢問他，總是能快速又正確的回答。這樣的愛好者集他經驗所書寫介紹的多肉圖鑑，對多肉迷來說真是一大寶書，值得收藏並一讀再讀！

多肉新手、玩家、專業栽培者都想珍藏的一本

在「蘭花草園藝」網路開站之前，自己一直都是一個業餘的多肉玩家，能接觸到的多肉植物通常是花市常見的品種。一開始可能是因為對多肉植物的熱愛，見到花市上常見的品種都能隨即將植物名稱脫口而出。

而今因為經營多肉植物網路販售工作的關係，收集品種變成不止為了滿足我自己，也必須為廣大買家收集更多科屬種，大家想要的品種，只要我們能力所及都會盡量四處收集，進而繁殖推廣。但愈來愈多的品種名稱，開始超出我們能力所及的範圍，雖然大家看見我們的形式都是在網路購物系統上，但電腦背後還是個凡人呀！辨識新款多肉植物名稱也成為了我們一個重要的課題，許多國外新進的品種也都極具魅力，更是玩家收集品種的目標物。因此方便的中文圖鑑查詢，與栽培多肉植物知識書籍，將成為我們急需學習的知識寶庫。

機緣下由朋友介紹了羽兼先生所出版的《多肉植物ハンディ図鑑─サボテン＆多肉植物800種類を紹介》，本書不但是容易查詢的園藝工具書籍，精美的照片與排版也讓讀者可以欣賞的方式來閱讀，字裡行間可以感受到羽兼先生對每株多肉植物的用心。所以不僅多肉新手適合閱讀，也是高級玩家與專業栽培業者必須收藏的好書，並感謝麥浩斯‧花草遊戲編輯部發行中文版，造福台灣的多肉玩家！

蘭花草園藝

專營多肉植物網路販售，經營 8 年以來，
以健康的植株和周全的包裝，獲得網友的一致好評。

● 官網：http://tonyorchids.shop2000.com.tw
● FB：蘭花草園藝

品種惹人亮眼，看看你的口袋名單還缺誰？

這本書，可燃起種多肉植物慾。
但是種多肉植物，為什麼種？為什麼養？是為了調劑生活還是滿足收藏慾呢？

剛入門的朋友對多肉植物看法是療癒，懶人植物不必澆水，整體觀念上是沒錯，但實際養起來，會發現這觀念對不到一半甚至不對，有刺的不是每個都是仙人掌，有蓮座的不是每個都是石蓮花，葉子不是每個都會落地生根，長高不代表長大，耐室內不代表能養室內，為什麼呢？

來讓這本書為您解惑吧！不論是有經驗或剛入門的朋友，在這裡，收集的圖鑑及品種多樣且惹人亮眼，針對品種的介紹簡單明瞭，有經驗朋友來看看您的口袋名單還缺誰？而初心者入門，書裡栽種方法能幫你有系統的歸納理解，多肉植物主要分成夏型種、冬型種、春秋型種，而它們的需求是什麼？栽種多肉植物是件療鬱而有趣的事，沒錯，但是正確邏輯跟方法，有效的分類整理，會讓你覺得多肉植物魅力不只是療癒，而是讓你充滿成就，看著芽苗新葉的冒出，彷彿傳達給照顧者的一種感謝與讚美；透過這本書，必定讓您更了解如何養護好您的綠寵物。

野草不野藝術工作室

由一群熱愛藝術及植栽盆景的夥伴組成，追求生活中的簡單。將原本冰冷的水泥，運用手作的溫度創作水泥盆器，再搭上多肉植物，結合出中庸的生命色彩，表現出寧靜的美感，既療癒又樸實。

● FB：野草不野

養多肉怎可不知道名稱？一定要擺這本圖鑑

多肉霸推薦《多肉植物‧仙人掌圖鑑800》這本書。內容講解了 100 多種仙人掌及 700 餘種的多肉植物，其中尤以番杏科的生石花屬（石頭玉）用特寫照分辨出各種的細微差異及各自的名稱，這些資訊非常的寶貴，因為石頭玉的名字特別難查找，且長相非常相似，可能是照顧不易且單價較高的原因，相對較不普及，所以能查到的資料相對匱乏。

石頭玉在中國大陸有個好玩的名字，叫做屁股花。因為其外型真的貌似個小屁股，且能開出碩大的花朵尤其特別。多肉霸分享個知識給大家，石頭玉是在白天吸收氧氣，夜晚吸收二氧化碳的植物。原因是原生環境的白天太過炎熱，所以石頭玉會把毛細孔關閉防止水份蒸發，白天只靠夜間儲存在體內的二氧化碳就能轉化成養份囉！

這是一本值得放在花圃旁隨時參考的圖鑑書。因為就連多肉霸也會突然想不起多肉的名字，那種感覺真是太難受啦，所以準備好圖鑑是必備的啊。當然啦！畢竟是日本的多肉翻譯書，生長環境不同，照顧模式也會有點差異。例如日本冬天太冷，多肉會停滯生長且有凍傷的可能，這時候可能需要限水且移到室內避寒。但在台灣的冬天，完全不會太冷，相反的可以多給水讓多肉繼續生長，還少了曬傷的疑慮，機不可失！

最後建議大家邊種邊參考這本書，並多查找文獻，再整合自己的心得，一定能種出美麗的肉園。如果真的有困難，歡迎加入多肉霸粉絲頁一起交流心得喔！

多肉霸

居住於台北，曾於英國、波士頓、紐約留學。喜歡研究多肉植物的各種習性，於各地旅遊時不忘找尋多肉植物的蹤跡。藉由親自造訪多肉植物的原生地，進而更瞭解正確的種植方式。

● FB：多肉霸

— PART1 —

單子葉類

以前被歸類在百合科裡的獨尾草科，天門冬科和鳳梨科都屬
於單子葉類的多肉植物。常見的蘆薈屬、龍舌蘭屬、以及擁
有透明葉窗而受到歡迎的鷹爪草屬、還有別名空氣草的空氣
鳳梨，都是這類植物的代表，分布遍及世界各地。

蘆薈屬
Aloe

DATA	
科　　名	獨尾草科（百合科）
原 產 地	非洲南部、馬達加斯加、阿拉伯半島
生 長 期	夏型
給　　水	春～秋季 2 週 1 次，冬季 1 個月 1 次
根　　粗	粗根型
難 易 度	★☆☆☆☆

　　原產於南非、馬達加斯加、阿拉伯半島等地，有記載的種超過 500 個以上，族群相當龐大。從葉子如蓮座狀展開的種類，到能長到 10 公尺以上如大樹般的種類，可謂種類繁多。

　　號稱能讓人無需求醫的木立蘆薈，以及可食用的庫拉索蘆薈最為人所知。生命力強又耐寒，也可做為庭院植栽。當做多肉植物栽培，供人趣味賞玩的是「不夜城」之類比較小型的種，還有其它眾多形狀或葉子模樣美麗的種類。有的還會開出紅、黃、白色等等顏色的花朵。

　　除去幾個栽種困難的種類，大部分都很容易種植。生長期介於春季到秋季。即使在夏季，也能耐暑熱而生長良好。日照不足會造成徒長現象，所以要給予充足日照。有些種冬季放戶外也能生存，但日本關東以北的地方，還是移到室內比較保險。栽種困難的種類，若使用與原產地地質相近，含石灰質的土壤，會比較容易栽種。

木立蘆薈
Aloe arborescens

從很早以前就被當做藥草普遍種植，對蚊蟲咬傷和燒燙傷有治療效果，在日本被稱為「無需求醫」的植物。在關東以西的地方可以露地栽培。照片裡的蘆薈，其高度約為 50cm。

獅子錦
Aloe broomii

有紅色銳利的尖刺，會長成灌木狀，屬於中型的蘆薈。照片的蘆薈，其寬度約為 30cm。

皺鱗扁蘆薈
Aloe compressa var. *rugosquamosa*

幼苗時期，葉子呈互生排列，很獨特的一種蘆薈。

三隅錦
Aloe deltoideodonta

它有很多變種或交配種，也有很多名稱，照片中是其中一個優形種。寬度約 15cm 左右。

第可蘆薈
Aloe descoingsii

原產馬達加斯加的小型蘆薈代表種。沒有明顯的莖，會形成株型美麗的群生株。會於春天開出深紅色的花。冬季若能維持在攝氏 0 度以上，就能生存。寬度約為 6cm 左右。

神章錦／青磁鱷
Aloe krapohliana

會長成灌木狀的小型人氣種。因為生長緩慢，株型集中的較受人歡迎。照片裡的這株，寬度約 15cm。

青磁殿 / 石玉扇
Aloe lineata

照片裡的還是幼苗，葉子呈互生排列。成株可長到 1 公尺以上，葉子則呈迴旋排列，很有趣的一種蘆薈。照片裡這株，其寬度約為 20cm。

柏加蘆薈
Aloe peglerge

無莖的中型種。照片裡的還是幼苗。成株的葉子會向內捲，形狀會更漂亮。照片裡的蘆薈，整株寬度約為 20cm。

女王錦 / 瑠璃孔雀
Aloe parvula

原產於馬達加斯加，很有人氣的小型蘆薈。紫色葉子如鷹爪草屬般，受人喜愛。比較不耐夏季暑氣，有點難栽培，所以要小心照顧。寬度大約 6cm 左右。

五叉錦 / 鵑鴿錦
Aloe pillansii

跟大型的皇璽錦（*Aloe dichotoma*）很相似。寬大的葉子和粗壯的莖是其魅力所在。在日本，有人栽培出超過 2 公尺以上的高度。照片裡的這株，其高度約為 70cm。

乙姬之舞扇 / 青華錦
Aloe plicatilis

在日本，種植約 20 年左右可長至 2 公尺高。終生葉子都呈互生排列，枝葉生長良好，能長成漂亮又強健的株型。照片裡的這株，高度約 1 公尺。

所羅門王之碧玉冠
Aloe polyphylla

本來是不容易栽種的種，但隨著栽培技術的進步，已逐漸普及化。長成之後，葉子會呈漂亮的螺旋狀排列。屬高山性植物，故不耐熱。寬度約 20cm 左右。

羅紋錦 / 青蟹丸
Aloe ramosissima

跟皇璽錦（*Aloe dichotoma*）相似，但體型較小。很早就會冒出枝條，長成美麗的植株。照片中的這株，高度約 50cm。

雪花蘆薈
Aloe rauhii 'White Fox'

屬於小型無莖的蘆薈。有很多變種和交配種。照片裡的是有著美麗白色斑點的品種。春～秋季置於室外有良好日照的地方，冬季則移至室內照料。寬度約為 10cm 左右。

素芳錦
Aloe sladeniana

葉片長得像槍頭的獨特蘆薈。由於栽培有點困
難,所以是不太常見的稀少種。照片裡的這株
約 10cm 寬。

索馬利亞蘆薈
Aloe somaliensis

有光澤感的硬質葉片,長著銳刺,所以要特別
小心。生長緩慢,莖很短,株型低矮但形狀漂
亮。照片裡的這株約 20cm 寬。

千代田錦
Aloe variegate

漂亮的天然斑點很引人注目。自然地形成群生
株。跟素芳錦很像,但相較之下更容易栽種,
所以比較普及。照片裡的這株約 15cm 寬。

維格蘆薈(小型)
Aloe viguieri

原產於馬達加斯加的小型蘆薈。照片中的是維
格蘆薈的矮種。照片中的這株約 20cm 寬。

庫拉索蘆薈
Aloe vera

被廣泛使用於化妝品中，此外，它的葉子也被當成健康食品在超市裡販售。照片裡的這株，高度約為 50cm。

沃格特蘆薈
Aloe vogtsii

深綠的葉片帶著白色斑點，是很美麗的種。屬於葉片稍硬的硬葉系。照片這株約 20cm 寬。

德古拉之血
Aloe 'Dracula's blood'

很多蘆薈是用雪花蘆薈（*Aloe rauhii*）交配出來的，但這個品種是由美國的 *Kelly Griffin* 交配育出。照片的這株大約 15cm 寬。

紅刺蘆薈
Aloe 'Vito'

這個也是利用雪花蘆薈（*Aloe rauhii*）交配出來的品種。這些同類的蘆薈長得都很像，所以最好不要把標籤拿掉。照片的這株大約 20cm 寬。

炎之塔屬
Astroloba

DATA

科　　名	獨尾草科（百合科）
原 產 地	南非
生 長 期	春秋型
給　　水	春秋季1週1次，夏冬季3週1次
根　　粗	粗根型
難 易 度	★★☆☆☆

　　原生於南非的大概有15種。跟鷹爪草屬的硬葉系家族很相似，兩者都呈現小型塔狀的外形。生長期是春天和秋天。休眠期的冬天和夏天，要控制給水量。跟鷹爪草屬一樣，栽種時要避免強烈的陽光直射。夏天要置於通風良好的陰涼處，保持適度乾燥是照料的重點。

▌畢卡麗娜塔
Astroloba bicarinata

葉片很硬且生長緩慢，看似不起眼，卻是適應力很強的種。長成之後植株基部會發出子株，將其分株就可繁殖。

▌孔尖塔
Astroloba congesta

會長出很多三角形，前端尖銳的葉子，形成往上生長的柱狀。夏天需要遮光，冬天則需要足夠的日照。非常耐乾燥，所以要控制給水量。

▌白亞塔
Astroloba hallii

這個種擁有久遠的栽培歷史。在這屬當中是很有個性、很美麗的稀少種。

Bulbine 屬

DATA

科　　名	獨尾草科（百合科）
原 產 地	南非、澳洲
生 長 期	冬型
給　　水	秋～春季 2 週 1 次，夏天斷水
根　　粗	細根型
難 易 度	★★★★☆

　　原產於南非和澳洲東部，該屬裡已知的種約有 30 種。做為多肉植物栽培，比較常見的，大概就只有這裡介紹的玉翡翠。還有一種 *Bulbine haworthioides*，但比較罕見。此外，也有被日本稱之為「花蘆薈」，做為盆花和花壇苗栽培的 *Bulbine frutescens*。

玉翡翠
Bulbine mesembryanthoides

柔軟透明的葉子是其魅力所在，跟番杏科（*Messembryanthemum*）長得很像的關係，所以取了很相近的種小名，照片的這株大約 3cm 寬。會開出像滿天星般的白色小花。

Gasteraloe 屬

DATA

科　　名	獨尾草科（百合科）
原 產 地	交配屬
生 長 期	夏型
給　　水	春～秋季 1 週 1 次，冬季 3 週 1 次
根　　粗	粗根型
難 易 度	★☆☆☆☆

　　這個屬是用臥牛屬（*Gasteria*）和蘆薈屬（*Aloe*）人工交配而來的，所以稱之為 *Gasteraloe*。其中有幾個被栽培做為園藝品種。這些品種的花都比較接近蘆薈屬的花，並會長成形狀漂亮的群生株。大部分的品種適應力都很強，能在惡劣的環境中生長。也有用臥牛屬和鷹爪草屬交配出來，稱之為「*Gasterhaworthia*」的交配屬。

綠冰
Gasteraloe 'Green ice'

本屬的代表種。葉子上有著天然的覆輪斑，是很漂亮的種。照片的這株約為 15cm 寬。

臥牛屬
Gasteria

DATA

科　　名	獨尾草科（百合科）	
原 產 地	南非	
生 長 期	夏型	
給　　水	春～秋季 1 週 1 次，冬季 3 週 1 次	
根　　粗	粗根型	
難 易 度	★☆☆☆☆	

　　主要產於南非，在這個屬裡約有 80 個為人所知的種，特徵是肥厚的硬質葉片呈互生放射狀展開。其中又分成葉子表面粗糙被稱為「臥牛」，以及葉子表面光滑的「恐龍」兩個系統。日本在很早以前就開始栽種臥牛，所以透過交配進行品種改良，已產生很多品種。

　　雖然生長期是夏型，但也有不耐暑熱，屬於春秋型的種。除此之外，也有很多一整年都生長良好，適應力極強的種。栽培方式基本上跟鷹爪草屬差不多，在光線略弱、水分略多的環境下，生長會比較良好。

　　因為生長期是春季和秋季。夏季要注意暑熱，置於遮光 50% 以上，通風良好的場所中照料會比較好。冬天為防寒凍，最好移至室內。生長環境的溫度最好不要低於攝氏 5 度。春季和秋季，在保持盆土不會太乾的狀態下，適度給水。

▎臥牛
Gasteria armstrongii

是本屬的代表種，如牛舌般肥厚，表面粗糙的葉子，往左右兩邊交互生長。陽光直射容易產生葉燒現象，要特別注意。照片這株大約 10cm 寬。

▎白雪臥牛
Gasteria armstrongii 'Snow white'

「臥牛」有很多種，可以享受收集的樂趣。照片裡的是有白色斑點的白雪臥牛，寬度約 10 cm 左右。

聖牛錦
Gasteria beckeri f. variegata

屬於大型的臥牛，黃色斑點在深綠色葉面的映
襯下，顯得更加美麗耀眼。照片的這株約 20cm
寬。

小龜姬／姬鉾
Gasteria bicolor var. lillputana

屬於小型的臥牛，會不斷長出子株，形成群生。
照片的這株約 10cm 寬。

恐龍錦
Gasteria pillansii f. variegata

互生的葉子上帶著黃色斑，美麗而且有人氣，
並且有很多類型。跟「臥牛」的種類相比，葉
面比較光滑，株型較大，照片這株約 15cm 寬。

象牙子寶
Gasteria 'Zouge Kodakara'

帶有白色或黃色斑點的品種，正如其名，會生
出許多子株。親株本身不怎麼會長大。照片的
這株約 10cm 寬。栽培時要避免陽光直射。

鷹爪草屬（軟葉系）
Haworthia

DATA

科　　名	獨尾草科（百合科）
原 產 地	南非
生 長 期	春秋型
給　　水	春秋季1週1次，夏季2週1次，冬季1個月1次
根　　粗	粗根型
難 易 度	★☆☆☆☆

　　在南非，大約有200種的鷹爪草屬原生種，屬於小型的多肉植物。其包含了各式各樣的種，有些有透明葉窗，有些有硬質的葉子，所以本書將會分成「軟葉系」、「硬葉系」、「萬象」、「玉扇」四個部分來介紹。

　　「軟葉系」以有透明葉窗的玉露等種類為代表。近年來，取同系中形狀漂亮的加以交配，已產生出許多交配種。日本也有交配出非常出色的品種。

　　生長期是春季和秋季，夏季需注意暑熱，盡可能在50%以上遮光、通風良好的環境下栽種。冬季為了避免寒凍，要移至室內。盡量讓生長環境的溫度不要低於攝氏5度以下。春季和秋季的生長期，在保持盆土不會太乾的狀態下，適度給水。

　　種植多年之後，莖會變得像山葵一樣，很難長出新生的根，因此要切掉再生使其回復生長。

▌玉露／玉章
Haworthia obtusa

頂部有著為了取光的透明葉窗的短小葉子密密麻麻地聚生在一起。是小型的人氣種，常常被拿來做為小型種的交配親本。照片的這株大概5cm寬。

▌多德森紫玉露
Haworthia obtusa 'Dodson murasaki'

玉露的園藝種，葉子帶有紫色，更增添了美感，葉窗也更大更美。一整年都要放在明亮的半日陰處。

黑玉露（錦斑品種）
Haworthia obtusa f. variegata

跟玉露的葉子一樣，但帶著黑色，所以被稱為黑玉露。照片這株屬於錦斑品種，葉窗變得更大，還帶著美麗的黃斑，非常珍貴。

水晶
Haworthia obtusa 'Suishiyu'

玉露的一種，白色的大葉窗前端就像水晶一樣，是很漂亮的品種。

特達摩
H. (arachnoidea var. setata f. variegata×obtusa)

綾衣繪卷（*Haworthia arachnoidea v. setata*）和玉露的交配種。帶著美麗斑點的葉子是其魅力所在。其葉子在圓形葉的達磨當中，算是特別圓的品種，所以被稱為「特達摩」。

皇帝玉露
Haworthia cooperi var. maxima

正如其「皇帝」的名字，是存在感超強的大型尖玉露品種，體型有普通尖玉露的近兩倍大，葉窗也更大、更有震撼力。

京之華
Haworthia cymbiformis

三角葉片呈蓮座狀展開，葉子的前端隱約有透明的葉窗。在鷹爪草屬裡算是容易栽培的，子株也很多，屬於容易群生的種類。

京之華錦
Haworthia cymbiformis f. variegata

屬於京之華的黃斑種，若形成群生，很具觀賞價值。照片的這株大概 7cm 寬。

玫瑰京之華
Haworthia cymbiformis 'Rose'

比京之華還要大型，如同玫瑰花般的優美姿態，十分美麗。比一般的京之華體型更大。照片的這株大概 15cm 寬。

帝玉露
Haworthia cooperi var. dielsiana

跟玉露非常相似，但葉子稍微比較細長的大型種。栽培的方法也相同，即使放在室內，也能生長良好。

▌刺玉露錦
▌*Haworthia cooperi* var. *pilifera* f. *variegata*

是刺玉露多了白斑的有名種。若長成群生株會很漂亮。栽培的方法跟玉露一樣，要注意避免夏季的暑熱。

▌歐拉索尼（特大）
▌*Haworthia ollasonii*

有著高透明度的葉子，是很受歡迎的原種。一般大約是 10cm 寬。照片裡的這株長得特別好，特別大株，寬度達到約 20cm。

▌菊襲／萬壽姬
▌*Haworthia paradoxa*

若生長狀況良好，葉子會形成整齊的放射狀排列，圓鼓鼓的葉窗會發出光澤，長相精緻小巧，照片裡的這株約 7cm 寬。栽培時日照是重點。

▌史普壽
▌*Haworthia springbokvlakensis*

可清楚看到扁平寬大葉窗的模樣，如同矮版「萬象」般的優良種，常被拿來當作交配親本。

德拉信斯
Haworthia transiens

小型鷹爪草屬，長著許多明亮且透明度高的葉片。葉片展開呈蓮座狀，直徑約 4 ～ 5cm。很容易栽培，子株也很容易繁殖。

冰砂糖
Haworthia retusa var. *turgida* f. *variegata*

帶著純白斑點的小型人氣種。生命力強，很容易長子株，形成群生。將它對著亮光舉起觀賞，更能展現它的美麗。雖然不是稀有種，但卻是很美麗的優良種。

洋蔥卷
Haworthia lockwoodii

一整年，葉尖都呈現乾枯的獨特模樣。照片裡的這株處於休眠期，所以呈現淡茶色。到了生長期，就會轉綠變得很漂亮。

小人之座
Haworthia angustifolia 'Liliputana'

細長葉子展開的小型鷹爪草屬。子株很容易繁殖，形成群生會很好看。2 年進行一次移植，用分株很簡單就能繁殖。

▌水牡丹
Haworthia arachnoidea var. *arachnoidea*

蕾絲系鷹爪草屬的代表，葉子上長著細細的毛，給人纖細的印象。對夏季的悶熱濕氣很敏感，請小心照料，不要讓葉尖乾枯。

▌曲水之泉
Haworthia arachnoidea var. *aranea*

水牡丹的變種。蕾絲系鷹爪草屬要像照片裡的一樣，葉尖沒有乾枯的狀態才是最理想的。

▌曲水之宴
Haworthia bolusii var. *bolusii*

很早就已普及，很美麗的種，是蕾絲系鷹爪草屬當中，比較容易栽種的一種。

▌卡明紀
Haworthia cooperi 'Cummingii'

跟曲水之宴是類似的蕾絲系種。為了避免葉尖乾枯，根部必須生長良好。適度的遮光、給水、注意濕度也是栽種必須注意的。

綾星／寶星
Haworthia decipiens var. *decipiens*

長著如蕾絲般的細毛，十分美麗，好像有著不
同的面貌。

基卡斯
Haworthia arachnoidea var. *gigas*

在蕾絲系當中其姿態最為豪邁雄壯。青綠色的
葉子上長著白色的刺毛，很有人氣。

歌多妮亞
Haworthia cooperi var. *gordoniana*

蕾絲系裡有很多長相類似的種。要確認是哪一
種，有時會有困難。

姬繪卷
Haworthia cooperi var. *tenera*

蕾絲系裡最小型的小型種。一個蓮座狀葉盤的
直徑約 3cm 左右，半透明葉子的邊緣長了很多
軟毛。生長很快速，經常形成群生。

賽米維亞
Haworthia semiviva

美麗蕾絲系的鷹爪草屬。長了許多如蕾絲般的細毛，幾乎快看不到葉子的表面。

毛玉露
Haworthia cooperi var. venusta

全身布滿白色短毛十分美麗的鷹爪草屬，是比較新的種。寬約 5cm，維持稍微乾燥的程度，形狀會長得比較漂亮。

美吉壽
Haworthia emelyae var. major

整片葉子密生著細小的毛刺，是很特殊的鷹爪草屬。在日陰處栽種會轉成綠色，日照較強的話，則會轉成紫褐色。

新雪繪卷
Haworthia 'Shin-yukiemaki'

是用「白雪姬」和毛玉露實生交配出來的品種，葉子長滿密密麻麻的白色軟毛，十分美麗。用植株基部長出的子株就能繁殖。照片的這株大約 7 cm 寬。

未命名
Haworthia (major × venusta)

是用美吉壽和毛玉露實生交配出來的。跟「新雪繪卷」一樣,是長滿密密麻麻白毛的交配種。毛稍微比較少,可以看見葉窗的模樣。照片的這株大約 10cm 寬。

鏡球
Haworthia 'Mirrorball'

是多德森紫玉露的交配種。多肉質葉片的稜邊長了很多小毛刺。許多小小葉窗的模樣讓人聯想到鏡球。

西島康平壽
Haworthia emelyae var. comptoniana

是白銀(*Haworthia emelyae*)的變種。如同不倒翁般圓滾滾的葉子,植株外形優美。因為是從神奈川縣的西島氏的花棚裡栽培出來的,所以被稱為「西島康平壽」。

康平壽錦
Haworthia emelyae var. comptoniana f. variegata

跟穆蒂卡(*Haworthia mutica*)很相像的軟葉系大型種。這個是康平壽的錦斑種,葉片上白色和黃色交雜著,非常美麗。從秋季一直到春季,要在充足的日照下栽培。

實方透鏡康平壽
Haworthia emelyae ver. *comptoniana*'Mikata-lens speical'

網狀花紋很漂亮。葉窗透明度高的康平壽被稱為透鏡康平壽「*lens comptoniana*」或玻璃康平壽「*glass comptoniana*」，這個品種也是其中之一，是由日本的實方氏培育出來的品種。

白鯨
Haworthia emelyae var. *comptoniana* 'Hakugei'

屬於大型的康平壽。網眼很粗，所以整個看起來白白的，因此被取了這個名字。植株的形狀看起來很緊密漂亮。

白銀壽
Haworthia emelyae 'Picta'

葉子表面粗糙的鷹爪草屬。上面葉窗有著複雜的白點花紋。照片這株的白點比較分散，白銀壽基本的模樣就是如此。

銀河系
Haworthia emelyae 'Picta'

是白銀壽的優良個體，白點比較大，比較緊密排列。整株仿佛閃耀著白色光輝，所以替它取了「銀河系」這個名字。

白銀壽錦
Haworthia emelyae 'Picta' f. *variegata*

白銀壽帶黃色斑點，十分美麗。黃色的部分因為缺乏葉綠素，所以栽培上要特別留心。

白王
Haworthia pygmaea 'Hakuou'

銀雷（*Haworthia pygmaea*）是小型的鷹爪草屬。有粗糙葉面或光滑葉面等等各種類型，本種是粗糙表面帶有白色條紋的優良品。

銀雷錦
Haworthia pygmaea f. *variegata*

有著美麗黃色斑紋的銀雷錦斑種。照片裡的是屬於葉面光滑的類型。

壽
Haworthia retusa

照片裡的是壽的基本模樣，但植株較大。淡綠色的三角形葉片展開，頂部有葉窗。晚春時花莖會延伸並開出白花。

▍帝王壽
Haworthia retusa 'King'

特大型漂亮的壽，有著鮮明斑紋的美麗品種。
這是日本的關上氏以實生法繁殖出來的品種。

▍美艷壽
Haworthia pygmaea var. *splendens*

這株在美艷壽裡算長得特別漂亮的，葉窗上條
紋的部分帶有光澤。依日照程度的不同，會呈
現金色或是紅銅色的光芒。

▍美艷壽
Haworthia pygmaea var. *splendens*

美艷壽有很多種長相。這株的特點是葉窗的部
分好像布滿了白霜，是很漂亮的個體，葉子的
形狀也很端正。

▍龍鱗
Haworthia venosa ssp. *tessellata*

龍鱗也有很多種樣貌，這株算是標準型。整個
葉面都是葉窗，布滿了像龍鱗般的特殊花紋，
模樣很有個性。

未命名
Haworthia (pygmaea × springbokvlakensis)

史普壽的交配種，能養成扁平的植株，是人氣品種。

邱比特
Haworthia bayeri 'Jupiter'

葉窗部分的網目花紋很特別，是很漂亮的多肉植物。葉子的形狀圓潤，令人賞心悅目。

銀穆奇卡
Haworthia mutica 'Silvania'

肥厚的三角形葉片重疊著，好像一朵玫瑰花，葉窗的部分，閃耀著美麗的銀色。是在日本培育出來的美麗品種。是交配還是突然變異產生的，原因不明。

超級銀河
Haworthia emelyae 'Picta Super Ginga'

跟「銀河系」很相似的美麗品種。白色斑點就像在夜空裡滿天閃耀的星星，非常美麗。

玫瑰人生（錦斑品種）

Haworthia 'Lavieenrose' f. variegata

葉窗的部分密生著細毛（毛蟹和銀雷的交配
種），是有著鮮艷黃斑紋的美麗品種。照片這
株約 8cm 寬。

墨染

Haworthia 'Sumizome'

粗糙葉面上帶有黑褐色的圖案，透明葉窗排列
得很美麗的交配種。葉子前端帶點圓弧，有點
胖嘟嘟的感覺，大型的可長到約 20cm 寬，照
片這株則是 12cm 左右。

酒吞童子

Haworthia 'Syuten Douji'

葉子前端半透明葉窗的顏色和模樣很好看的
交配種。春季和秋季時，花莖會伸長開出白色
的花。盛夏時期請控制給水量。照片這株約是
10.5cm 寬。

靜鼓錦

Haworthia 'Seiko Nishiki'

這個藉由組合交配出來的錦斑品種，在日本以
外的國家也有，不管哪個國家培育的，都能長
成漂亮的群生株。

鷹爪草屬（硬葉系）
Haworthia

DATA

科　　名	獨尾草科（百合科）
原 產 地	南非
生 長 期	春秋型
給　　水	春秋季1週1次，夏季2週1次，冬季1個月1次
根　　粗	粗根型
難 易 度	★☆☆☆☆

　　將鷹爪草屬當中，葉子較硬的稱之為「硬葉系」的鷹爪草屬。樣子跟蘆薈屬和龍舌蘭屬很類似。前端呈尖銳三角形的葉子呈放射狀生長。葉子上面沒有透明葉窗。

　　「冬之星座」和「十二之卷」是其中的代表。葉子上面布滿白點。有各式各樣不同白點形狀和大小的品種被培育出來。在日本也培育出好幾個享譽全球，品相優美的小型植株的交配種。

　　栽培方法跟軟葉系種類的差別不大。要避免陽光直射，在溫和的光線下栽培。初春（2～3月）日照強的話，可能會有從葉子前端開始乾枯的現象，所以要特別注意。但是大體而言，強健的種很多，除去一部分栽種困難的種，大部分栽種都不算太難。

　　因為不耐夏季高溫和日照，所以要在通風良好的半日陰處進行管理。冬季的時候要移至室內，溫度不要低於攝氏0度以下。

▌霜降十二之卷
Haworthia attenuata 'Simofuri'

十二之卷有很多不同的樣貌，這株的白色帶狀條紋特別粗，種得很漂亮。也有人稱它為超級斑馬（super zebra）。

▌巴卡達
Haworthia coarctata 'Baccata'

跟冬之星座很相似，但葉幅較寬，葉子疊生，長成如塔狀般。為了防止葉燒現象，要避免陽光直射。

瑠璃殿白斑
Haworthia limifolia f. variegata

是與人氣原種「瑠璃殿」相較，多了白斑的品種。白斑算是非常珍貴，還未普及化的品種。

瑠璃殿錦
Haworthia limifolia f. variegata

這個則是與「瑠璃殿」相較，多了黃斑的品種。黃斑是比白斑更普及化的品種。

瑞鶴
Haworthia marginata

瑞鶴有各種不同的樣貌，照片的這株被稱為「白折鶴」，葉子邊緣有白斑，給人清新鮮明的感覺。

迷你甜甜圈・冬之星座
Haworthia maxima (pulima) 'Mini Donuts'

maxima 或 *pulima* 這兩個學名都有人用。照片這株是極小型，樣子扁平，小巧可愛很有人氣。

甜甜圈・冬之星座
Haworthia maxima (pulima) 'Donuts'

葉子的白點像甜甜圈一樣的圓圈狀,是很美麗的交配種。算是蠻普及化的人氣品種。

甜甜圈・冬之星座錦
Haworthia maxima (pulima) 'Donuts' f. *variegata*

「甜甜圈・冬之星座」是白點形成甜甜圈狀的美麗交配種,這個品種則是多了黃色的斑紋。栽種方式跟「昂星團」(*Haworthia* 'Subaru')一樣。

天使之淚
Haworthia 'Tenshi-no-Namida'

把葉子上的白色花紋比喻為「天使之淚」,而得來的名字。是瑞鶴(*Haworthia marginata*)的交配種。

硬葉尼古拉
Haworthia nigra var. *diversifolia*

在尼古拉(*nigra*)裡算是最小的,帶著凹凸黑點的葉子是魅力所在。在稍微強一點的光線下栽培,葉子顏色會變深。生長速度慢,具有群生性。

▍迷你馬
Haworthia minima

深綠色的肥厚葉片上散布著白斑，生命力很強，
很容易栽種。

▍冬之星座錦
Haworthia maxima (pumila) f. variegata

比小型的冬之星座多了斑紋。黃色的斑紋賞心
悅目，很受歡迎。

▍星之林
Haworthia reinwardtii 'Kaffirdriftensis'

會往上延伸長高，從植株基部會長出很多子株，
形成群生。照片的這株約 20cm 高，強健而容
易栽培。

▍錦帶橋
Haworthia (venosa×koelmaniorum) 'Kintaikyou'

大龍鱗和高文鷹爪 *Haworthia koelmaniorum*
的交配種，是在日本培育出的優秀雜交種之一。
照片這株是長得特別漂亮的個體。

萬象
Haworthia maughanii

DATA

科　　名	獨尾草科（百合科）
原 產 地	南非
生 長 期	春秋型
給　　水	春秋季1週1次，夏季2週1次，冬季1個月1次
根　　粗	粗根型
難 易 度	★☆☆☆☆

　　「萬象」代表「存在於天地、宇宙中變化萬千的形狀」。彷彿被利刃切斷的葉片前端，有著透明的葉窗，光線就是從這裡被吸收的。葉窗上的白色斑點，會因個體而有所差異。它的模樣各異其趣，是很受日本人喜愛的多肉家族。

萬象・灰姑娘
Haworthia maughanii 'Cinderella'

有名的種。照片這株因為還未長成，所以還看不出它應有的美麗模樣。隨著生長年數的增加，葉窗上的白線會加深，變得非常漂亮，算是稀少品種。

萬象・三色
Haworthia maughanii 'Tricolore'

葉窗上的色彩很特別，對多肉迷而言是人氣很高的品種，高價名貴。

白樂
Haworthia maughanii 'Hakuraku'

別處看不到的白色葉窗充滿魅力。是日本神奈川縣的關上氏，用大型的「萬象」為親本，採集種子，用實生法培育出來的品種。「白樂」這個名字代表欣賞白色的樂趣。

玉扇

Haworthia truncata

DATA

科　　名	獨尾草科（百合科）
原 產 地	南非
生 長 期	春秋型
給　　水	春秋季1週1次，夏季2週1次，冬季1個月1次
根　　粗	粗根型
難 易 度	★☆☆☆☆

　　跟「萬象」一樣，頂部像被切斷似的厚葉並排成一列。從側面看，就像扇子一樣。葉子前端有如透鏡般的葉窗，葉窗的模樣也有很多種。栽培很容易，根會像牛蒡根一樣延伸，所以要用比較深的盆器栽種。從植株基部會長出子株。

▌玉扇・埃及艷后
Haworthia truncate 'Cleopatra'

葉窗部分的紋理清楚鮮明，樣子很漂亮。葉子的顏色和整體的形狀都很優美。

▌玉扇錦・暴風雪
Haworthia truncate 'Blizzard' f. variegata

有黃色的斑紋，很珍貴的一種「玉扇」。斑紋的顏色、斑紋的分布和整株的姿態都零缺點的絕佳極品。

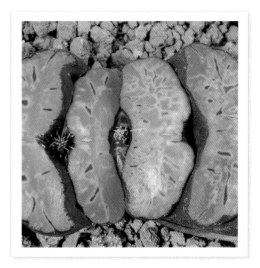

▌未命名
Haworthia truncate cv.

葉窗的部分是白色的，很珍貴的一種「玉扇」。是用交配實生的方式培育出來的。

龍舌蘭屬

Agave

DATA

科　　名	天門冬科（百合科／龍舌蘭科）
原 產 地	美國南部、中美洲
生 長 期	夏型
給　　水	春～秋季 2 週 1 次，冬季 1 個月 1 次
根　　粗	粗根型
難 易 度	★☆☆☆☆

　　以墨西哥為中心，從美國南部到中美洲，已知有 100 多個以上原種的多肉植物。葉子的前端有刺，可欣賞每個種獨具特色的形狀和斑紋。生長期為春～秋的夏型，適合在日照良好、稍微乾燥的地方栽種。

　　用來做龍舌蘭酒的原料的大型種類，又被稱為「*Century Flower*」，據說一百年才開花一次，但很多都是用實生法栽種，大約三十年就能開花一次。除去新發現的

「白茅龍舌蘭」（*Agave albopilosa*）之外，生命力都很強，能耐熱耐寒，栽種容易。

　　在日本，比較偏好「雷神」和「笹之雪」之類的小型種。雷神系列，霍利達系列（*horrida*）和翡翠盤等等，都比較不耐寒，冬天的時候要移至室內管理。「吹上」、「青之龍舌蘭」、「吉祥天」、「笹之雪」系和姬龍舌蘭等等，比較耐寒，可在室外過冬。

白茅龍舌蘭
Agave albopilosa

於 2007 年被發現，是本世紀最大的新發現種。因為生長在斷崖絕壁，所以很晚才被發現。葉子前端的細毛是其特徵。生長的速度似乎非常緩慢。

照片提供者：Köhres-Kakteen

翡翠盤
Agave attenuate f. variegata

是頗受歡迎的一種龍舌蘭錦斑種。除了照片這株是葉片周圍有黃色的覆輪斑之外，也有白色斑紋的種。會長成較高的植株。「翡翠盤」是沿用日本俗名而來。

牛角龍舌蘭
Agave bovicornuta

屬於中型的龍舌蘭，葉子邊緣長著紅色銳刺，
和葉子的綠色形成對比。很有個性的模樣為它
帶來人氣，不過數量很少，十分珍貴。

多苞龍舌蘭（綴化）
Agave bracteosa f. cristata

沒有長刺，細葉的小型種，也有會長白色斑紋。
葉子很容易折傷，要特別留心。照片這株是生
長點產生變異的綴化種。

白絲王妃錦
Agave filifera f. variegata

長著漂亮中斑（斑紋分布在葉片中央位置，從
葉基延伸到葉尖）的小型龍舌蘭。小巧可愛，
帶有斑紋的龍舌蘭很受人歡迎。

蠍座覆輪
Agave gypsophila f. variegata

葉子呈波浪狀，模樣很特別的中型種。照片的
這株長著黃色覆輪斑，是很稀少的個體。

斑葉甲蟹／雷帝
Agave isthmensis f. variegata

比「雷神（*Agave potatorum*）」更小型的龍舌蘭，照片這株有黃色的條紋，長得很漂亮。

王妃雷神
Agave potatorum 'Ouhi Raijin'

在日本經過選拔，超小型的人氣品種。再怎麼生長，直徑最大不會超過 15cm，寬大的葉片是其特徵。對寒氣敏感，冬天的管理要特別留心。

王妃雷神錦
Agave potatorum 'Ouhi Raijin' f. *variegata*

比王妃雷神多了美麗的黃色中斑，稍微柔軟的淡綠色葉片是其特徵。為了防止葉燒現象，夏季的時候需要遮光。

王妃甲蟹（覆輪）
Agave isthmensis f. variegata

「王妃雷神」系的突然變異種，特徵是葉片邊緣有數個並排的尖刺，是高人氣的小型種。

王妃甲蟹錦
Agave isthmensis f. variegata

比「王妃雷神」多了黃色覆輪斑。照片的這株
是斑紋和尖刺長得很漂亮的個體。

五色萬代
Agave lophantha f. variegata

有著白色或黃色條紋的中型龍舌蘭，是很早以
前就普及化的高人氣種。不太耐寒，所以冬季
時的管理要務必留心。

姬亂雪錦
Agave parviflora f. variegata

「姬亂雪」的黃中斑種，是小巧美麗的優良品。
葉子上長了白色線狀的刺，這些刺在生長的過
程中會產生變化，非常有趣。

電神錦
Agave potatorum f. variegata 'Sigeta Special'

成長至寬度約 30cm 的中型龍舌蘭「電神」，
上面多了黃色的覆輪斑，刺也變得更大，十分
美麗。

吉祥冠錦
Agave potatorum 'Kisshoukan' f. *variegata*

寬寬的葉子搭配紅色的尖刺非常好看。「吉祥冠」裡有很多錦斑種,這株是白中斑的珍品。

吉祥冠錦
Agave potatorum 'Kisshoukan' f. *variegata*

這株是黃中斑的「吉祥冠」,這株和前面那株都是小型種。生長速度較慢。稍微不耐冬寒,要小心注意。

雷神・貝姬
Agave potatorum 'Becky'

雷神的小型種「姬雷神」的錦斑種,被稱為「貝姬(Becky)」。擁有美麗的白中斑,是小巧可愛的人氣種。

姬龍舌蘭
Agave pumila

獨特的三角形葉子看起來好像小型的蘆薈。比較耐寒,所以日本關東以西,即使在冬季也可在室外栽培。照片的這株大約是 15cm 寬。

吹上
Agave stricta

細長的葉子呈放射狀擴展開來，持續生長會呈現如刺蝟般的外形。它有很多種樣貌，但小型的比較受歡迎。

嚴龍 No.1
Agave titanota ′No. 1′

葉片邊緣的刺是龍舌蘭裡最堅硬的，給人霸氣的感覺。不耐寒，即使在日本關東，冬季也無法在室外栽培。照片這株大約是 20cm 寬。

姬笹之雪
Avage victoriae-reginae ′Compacta′

是品相優美的小型種。生長速度非常的慢，要長成像照片這樣（寬度約 15cm）的大小，大概要花 5 年的時間。日本關東以西，冬季時也可以室外栽培。

冰山
Avage victoriae-reginae f. *variegata*

比「笹之雪」多了白色覆輪斑，十分珍貴，白色的斑紋和它的模樣令人聯想到冰山。栽種方法和「笹之雪」相同。

虎尾蘭屬
Sansevieria

DATA

科　　名	天門冬科（百合科／龍舌蘭科）
原 產 地	非洲
生 長 期	夏型
給　　水	春～秋季1週1次，冬季1個月1次
根　　粗	粗根型
難 易 度	★☆☆☆☆

　　原產地在非洲等乾燥地帶。這個屬比較為人所知的是做為觀葉植物的大型種，但品相優美的小型種也被眾多多肉植物迷栽培玩賞。因為不耐寒，所以冬季時務必移至室內照料。春季到秋季，在室外會長得比較健康。耐濕氣和乾燥的能力很強，是很容易照顧的好伙伴。

姬葉虎尾蘭
Sansevieria ballyi

是超小型的虎尾蘭，葉子前端形成棒狀。會伸出走莖，並於前端長出子株，往橫向蔓延擴展，很容易繁殖增生。

樹虎尾蘭
Sansevieria arborescens 'Lavanos' *f. variegata*

原產於索馬利亞的小型虎尾蘭，清綠的葉片染上些許赤紅，這個品種又多了黃色的條紋，非常美麗。

香蕉虎尾蘭
Sansevieria ehrenbergii 'Banana'

是劍虎尾蘭（*Sansevieria ehrenbergii*）的矮性品種，葉片較寬，肉質也較厚。照片這株的葉片長度約10cm，繼續生長可到20cm左右。

蒼角殿屬

Bowiea

DATA

科　　名	天門冬科（百合科）
原 產 地	南非
生 長 期	夏型、冬型
給　　水	春秋1週1次，夏冬1個月1次
根　　粗	粗根型
難 易 度	★★☆☆☆

在南非約有5～6個種為人所知的小型屬。莖圓圓的形狀如同洋蔥般，屬於塊莖植物的一種。生長期會從莖（塊根）的頂端伸出細蔓，並長出很多細長的葉子，開出小白花。栽培算是相對比較容易的。生長習性因種而異，有些是夏型，有些則是冬型，請留心注意。

蒼角殿
Bowiea volubilis

生長期在冬季，球莖會長到直徑約5～6cm。自花授粉後會結出種子。近緣種當中，有球莖達20cm的「大蒼角殿」。

藍耳草屬

Cyanotis

DATA

科　　名	鴨跖草科
原 產 地	非洲、南亞、澳洲北部
生 長 期	夏型
給　　水	春秋1週1次，夏1週2次，冬2週1次
根　　粗	細根型
難 易 度	★★☆☆☆

原產於非洲、南亞、澳洲北部，已知約有50種左右。小型、略為多肉，所以在多肉植物的溫室裡常常可見它們的身影。栽培方法和鴨跖草科的紫露草屬大致上相同。增強遮光的話，葉子會保持鮮嫩的顏色。能耐暑熱和冬寒，是生命力很強的植物。

銀毛冠錦
Cyanotis somaliensis f. variegata

是鴨跖草的近緣種，小小的葉子長滿了細毛，還有美麗的斑紋，是容易栽種的小型種。相較其它多肉植物，需要給水比較多一些才能生長。

鐵蘭屬（空氣鳳梨）
Tillandsia

DATA

科　　名	鳳梨科
原 產 地	美國南部、中南美洲
生 長 期	夏型
給　　水	春～秋季 1 週 1 次，冬季 1 個月 2 次
根　　粗	細根型
難 易 度	★★★☆☆

從美國南部到中南美洲，為人所知的鳳梨科植物約有 700 種以上。大部分種類都附生在木頭、岩石，甚至是電線上面。其原生地有森林、山地或沙漠等各式各樣的環境，因種類的不同，其耐旱性也有差異。一般而言，葉子薄的，大都原生於雨量較多的區域，葉子厚的，則比較可能來自乾燥地區。因為生長速度很慢，市面上看見的植株大都是從國外進口。

不用泥土就能生存，常見用「空氣鳳梨（Air plant）」這個名稱販售。或許是因為「只要偶爾噴水就能活」的錯誤方法廣為流傳，所以很多人都種得不好。建議 1 週 1 次，將之浸入水中約 30 分鐘，讓它吸飽水分，浸完後要瀝乾，不要殘留水分。適合栽培在通風良好且明亮的半日陰處。

阿寶緹娜
Tillandsia albertiana

原產於阿根廷的小型種，比較容易形成群生株，開的是美麗的紅花。水分充足的話，生長狀態較佳。將植株置於素燒盆，比較容易保持濕度。

紅寶石
Tillandsia andreana

原產於哥倫比亞的細葉種，針狀的葉子像長滿刺的球，也有紅色葉子的種。它的花很有特色，是紅色的大花，花凋謝後會長出數個子株。

扁擔西施
Tillandsia bandensis

其主要分布區域是從玻利維亞到巴拉圭之間，
屬群生性。每年都會開花，淡紫色並帶有香氣。
不耐乾燥，所以給水量要多，但是不能積水。

虎斑
Tillandsia butzii

整株表面長滿黑紫色的花紋，葉子彎彎曲曲，
形狀很獨特。不耐乾燥，所以給水量要多，若
葉溝閉合起來，就是水分不足的信號。

賽魯雷亞
Tillandsia caerulea

正如 *caerulea* 這個拉丁學名，其代表「藍色」
的意思，它會開藍色的花。有時會遇到不容易
開花的狀況，所以在購買時，最好選正在開花
的個體。用懸吊的方式栽培也很有樂趣。

卡皮拉利斯
Tillandsia capillaris

其分布區域遍及智利、秘魯、厄瓜多爾。有很
多不同的樣貌，像照片這株是屬於莖伸展較長
的，幾乎沒有莖的狀況也有。

▍海膽
Tillandsia fuchsii f. fuchsia

在幾個已知的 *fuchsii* 系列種當中，屬於葉子比較短，小巧可愛的類型。生長週期很短，大約一年就能成熟、開花、長出子株。

▍休士頓棉花糖
Tillandsia Houston 'Cotton Candy'

是一款強健的交配品種，毛狀般的柔軟葉子彷彿沾滿白粉，就好像棉花一樣，會開出粉紅色飽滿的花。

▍小精靈（錦斑品種）
Tillandsia ionantha f. variegata

是最常見到的空氣鳳梨代表品種。形狀和顏色會因產地不同而異。也有玩家只收集小精靈系列。這株是有錦斑的美麗個體。

▍紅火小精靈
Tillandsia ionantha 'Fuego'

在小精靈系列裡顏色最顯眼的一個有名品種，因此被取了「紅火（Fuego）」這個名字。一般的紅火只有在開花期才會轉成紅色，但是這株個體卻整年都呈現紅色，非常美麗。

大天堂
Tillandsia pseudobaileyi

大天堂又被稱為是假的貝利藝（*Tillandsia Baileyi*），但是株型較大，革質化的葉片偏硬，跟虎斑（*Tillandsia butzii*）一樣需要比較多的水。若有施肥，可長至近 30cm 大。

范倫鐵諾
Tillandsia velutina

市面販售的大多是幼株，長至成株時，白色的絨毛和葉子的綠色、紅色形成美麗的對比，性質強健。

維尼寇沙 紫巨人
Tillandsia vernicosa 'Purple Giant'

原產於阿根廷、玻利維亞、巴拉圭等地，有很多種型態。照片這株是比基本種還要大型的個體，日照良好的話，葉片會呈現美麗的紫色，開的是橘色花朵。

霸王鳳梨
Tillandsia xerographica

在市售的鐵蘭屬裡，勘稱個中王者。雄偉的姿態，非常有人氣。大型的植株可超過 60cm。生長速度雖然很快，但是要開花需等上數年。

沙漠鳳梨屬
Dykcia

DATA

科　　名	鳳梨科
原 產 地	巴西等地
生 長 期	夏型
給　　水	春～秋季 1 週 1 次，冬季 1 個月 1 次
根　　粗	粗根型
難 易 度	★★★☆☆

　　鳳梨科植物，主要生長在南美山區多岩石地帶的乾燥區域。分布在巴西，還有阿根廷、巴拉圭、烏拉圭等地，已知約有 100 種以上。呈蓮座狀展開的硬質大葉子，搭配葉緣的鋸齒，尖銳的外形以及獨具造型的銳刺充滿魅力。目前已經有很多利用交配等方式所培育出來的園藝品種。

　　非常耐暑熱，就算遇到酷夏，也能成長良好。即使是夏季，也要日照充足，植株才能成長茁壯。管理上要避免日照不足。

　　它也有一定的耐寒性，在斷水乾燥管理時，也可承受至攝氏 0 度，但是冬天的時候，還是移至室內會比較安全，但要放在日照充足的窗邊。

　　從春季到夏季，會伸出長長的花莖，開出很多黃色、橘色或紅色的花。其它的鳳梨科植物，只要開花，那棵植株往往就會枯掉，但是沙漠鳳梨不會如此。

▌縞劍山
Dyckia brevifolia

已有久遠栽種歷史的有名種，原生地應該是水源充沛的地方，所以它喜歡水，太乾的話，會從下面的葉子開始乾枯，所以要特別留心。

▌夕映縞劍山
Dyckia brevifolia 'Yellow Grow'

「縞劍山」的錦斑品種，植株中心渲染了美麗的黃色。跟「縞劍山」一樣，水快乾的時候再給水，不要讓盆土過度乾燥。

道森尼
Dyckia dawsonii

算是比較常見的種，有幾種不同的樣貌。照片
這株因為是跟深色的同類交配而來的，所以若
在稍微乾燥的狀態下，紅色會加深，水分較多
的話，就會偏黑。

寬葉沙漠鳳梨
Dyckia platyphylla

雖然被認為是野生種，但是卻有很多種型態使
用同個名字在市面上出現，若是用實生法會產
生各種不同的型態，所以覺得可能是自然雜交
種或是交配種。

馬尼爾
Dyckia marnierlapostollei var. *estevesii*

葉子好像被白粉覆蓋的美麗人氣種。照片這株
是鋸齒比較長，鱗片比較多的變種。終年必須
在日照充足的地方進行管理。即使被盛夏的強
光照射也不會產生葉燒現象。

布雷馬克西
Dyckia burle-marxii

赤紅色葉片搭配葉緣的大根銳刺，是很美麗的
野生種。雖然是優秀的野生種，但是不常拿來
當做交配親本。

細刺沙漠鳳梨
Dyckia leptostachya

莖的基部如塊莖植物般肥大，是很珍貴的種。匍匐枝會伸入地裡，長出子株。照片這株是經過選拔，紅色更加強烈。

未命名
Dyckia (goehringii × 'Arizona')

最近在泰國交配出來，並進口到日本的品種，所以還未命名。彷彿短葉版的 *Dyckia goehringii*，外型很美麗的品種。

鳳梨屬
Bromelia

DATA

科　　名	鳳梨科
原 產 地	中南美洲
生 長 期	夏型
給　　水	春～秋季1週1次，冬季1個月1次
根　　粗	粗根型
難 易 度	★★★☆☆

　　這個屬裡有很多已知的種，主要分布於中南美洲，在日本市面上相當少見，右邊照片裡的火焰之心錦斑品種，更是罕見。一般都會長得很高大，葉緣的銳刺會造成危險，因此栽種的人比較少。相當耐寒，在無霜地帶，可以露地栽培。

火焰之心（錦斑品種）
Bromelia balansae f. variegata

鳳梨屬的基本種─火焰之心的錦斑變異。體型較大，黃斑和紅刺形成對比，非常好看。刺非常的銳利，有刺傷的危險，請小心留意。

姫鳳梨屬
Cryptanthus

德氏鳳梨屬
Deuterocohnia

蒲亞屬（皇后鳳梨屬）
Puya

這三個屬都是原產美國南部的鳳梨科植物。姫鳳梨屬大多是生長在森林裡，色彩絢麗的葉子充滿魅力，故常被用來做為觀葉植物，栽培很容易。德氏鳳梨是高山性的小型屬，不耐暑熱。蒲亞屬相對上比較大型，有銳利的尖刺，請小心不要受傷。

瓦拉亞姫鳳梨
Cryptanthus warasii

姫鳳梨屬被當做觀葉植物的大都是葉子比較薄的種，但這個種彷彿長了白色鱗片的硬質葉子，非常美麗，因此頗受多肉植物迷的歡迎。

綠花德氏鳳梨
Deuterocohnia chlorantha

葉片如蓮座般展開，個別蓮座的直徑約只有 1.5 cm，雖然是小型植株，但會密集叢生成群生株。埼玉縣加須市的浜崎氏培育出超過 1m 的群生株。之前歸在亞菠蘿屬（*Abromeitiella*）。

科利馬
Puya sp. Colima Mex.

蒲亞屬大多來自智利和阿根廷，但這個種是原產於墨西哥的科利馬州（Colima）的特異種，泛白的葉片很美麗。

PART2
仙人掌

原產地是以墨西哥為主的南北美洲，已知有 2,000 多種，為
多肉植物的代表。很早以前就有許多觀賞用的種類在市面上
流通，莖部肉質化，依據莖部的形狀，分為團扇仙人掌、柱
狀仙人掌、球狀仙人掌。高度肉質化的球狀仙人掌似乎是人
氣最高的。大部分的種類為了防止水分蒸散，葉子退化成針
狀，但也有無刺的種類。

岩牡丹屬
（牡丹類仙人掌）
Ariocarpus

DATA

科　　名	仙人掌科
原 產 地	墨西哥
生 長 期	夏型
給　　水	春〜秋季1週2次，冬季1個月1次
根　　粗	細根型
難 易 度	★★☆☆☆

　　以前岩牡丹屬和龜甲牡丹屬是分開的兩個屬，現在已經合併成岩牡丹屬。生長相當緩慢，但是隨著栽培技術進步，在日本以實生法栽培出來的美麗個體，已逐漸在市面上出現。因為不耐寒，所以在冬季時，栽培環境須維持在攝氏5度以上。

▌花牡丹
Ariocarpus furfuraceus

是岩牡丹屬裡較會開大型花的種，跟「岩牡丹」極為相似，請留意不要搞錯。照片的這株約是15cm寬。

▌黑牡丹
Ariocarpus kotschoubeyanus

各別來看雖是小型植株，但會長出子株形成群生。要長成可觀的群生株，需要耐心栽培。

▌龜甲牡丹
Ariocarpus fissuratus

刺座上會長出美麗的白毛。因為不耐寒，冬季時要在室內溫暖的環境下栽培。

哥吉拉
Ariocarpus fissuratus 'Gozilla'

「龜甲牡丹」的突然變異種，是會讓人聯想到怪獸哥吉拉的人氣品種。

姬牡丹
Ariocarpus kotschoubeyanus var. macdowellii

「黑牡丹」的變種，株型更小，花是白色的（也有比黑牡丹的紅花更淡的粉紅色）。照片的這株大概是 5cm 寬。

龍角牡丹
Ariocarpus scapharostrus

屬群生性的小型種。牡丹類仙人掌整體而言，因為跟多肉植物有那麼幾分相似，因此頗有人氣。

三角牡丹
Ariocarpus trigohus

因為疣呈三角形，所以被賦予這個名字。照片的這株屬於細葉的類型，花是淡黃色。照片這株大概約 20cm 寬。

星球屬
（有星類仙人掌）
Astrophytum

DATA

科　　名	仙人掌科
原 產 地	墨西哥
生 長 期	夏型
給　　水	春～秋季1週2次，冬季1個月1次
根　　粗	細根型
難 易 度	★★☆☆☆

　　球體上有著如鑲嵌星星般的白點，所以也有「有星類」的稱呼。多數的種都沒有刺，容易照料，變種或是交配種也很豐富，因此一直是仙人掌科裡受到多肉迷喜愛的一屬，錦斑品種也很受歡迎。不耐寒，因此冬季栽培環境要在攝氏5度以上；不耐強烈日照，夏季時要進行遮光管理。

兜
Astrophytum asterias

在這個屬裡是最有人氣的種，屬於無刺仙人掌，透過交配培育出很多品種，在國外也很受歡迎。

碧瑠璃兜
Astrophytum asterias var. *nudum*

沒有白點的「兜」，刺座上綿毛的大小等等變化是其魅力所在。直徑約8～15cm，頂部會開出淡黃色的花。冬天的時候要控制給水量。

碧瑠璃兜錦
Astrophytum asterias var. *nudum* f. *variegata*

「碧瑠璃兜」的錦斑種，沒有白點，但是有黃斑。照片這株的斑是片狀的，有斑的部分因為生長比較快速，所以株型有點傾斜。

▌四角鸞鳳玉
Astrophytum myriostigma

鸞鳳玉一般是 5 個稜角，但照片這株因為有 4 個稜角，所以被稱為「四角鸞鳳玉」。也有 3 個稜角的，但很容易產生增稜現象，最終甚至變成綴化種。

▌碧瑠璃鸞鳳玉
Astrophytum myriostigma var. nudum

是「鸞鳳玉」沒有白點的種。像照片這株有著圓潤飽滿的稜角，是比較受人歡迎的品相。

▌鸞鳳玉錦
Astrophytum myriostigma f. variegata

「鸞鳳玉」的錦斑種，照片這株的斑非常鮮艷醒目，幾乎看不見表面的白點。是非常漂亮的個體。

▌碧瑠璃鸞鳳玉錦
Astrophytum myriostigma var. nudum f. variegata

「碧瑠璃鸞鳳玉」的黃色錦斑種，因為沒有白點，黃色斑紋在綠色表皮的襯托下更加顯眼。是其中一種有著美麗斑紋的仙人掌。

龍爪玉屬
Copiapoa

DATA

科　　名	仙人掌科
原 產 地	智利
生 長 期	夏型
給　　水	春～秋季1週2次，冬季1個月1次
根　　粗	細根型
難 易 度	★★☆☆☆

　　原產智利的仙人掌，生長在極度乾燥少雨的地區。生長極為緩慢，之前在日本，成株都是依賴進口，但現在已能利用實生法培育出漂亮的植株，市面上已可以找到很多優良植株。會開黃色的小花，照顧上請少量的給水。

▌黑王丸
Copiapoa cinerea

龍爪玉屬的代表，青白色的表皮襯托出黑色的尖刺。雖然生長緩慢，卻很快會形成群生株。

▌黑子冠（國子冠）
Copiapoa cinerea var. *dealbata*

「黑玉丸」的變種，長長的黑刺是其特徵。跟「黑王丸」一樣，會分出子株形成群生株。一開始是球狀，很快就伸長變成圓柱狀。

▌疣仙人
Copiapoa hypogaea var. *barquitensis*

原產於智利，屬於沒有刺（非常短），模樣可愛的變種。株型很小，單株的直徑大概只有3cm。春季到夏季會開出黃色的花。

圓盤玉屬
Discocactus

DATA

科　　名	仙人掌科
原 產 地	巴西
生 長 期	夏型
給　　水	春～秋季1週2次，冬季1個月1次
根　　粗	細根型
難 易 度	★★☆☆☆

　　原產於巴西的仙人掌，其特徵就是長得如圓盤般的外形，因而得其名。不耐寒，冬季的休眠期時要斷水。進入開花期，成株會於生長點長出花座並且開花。花為白色，於夜間開花，即使只開一朵花，也會滿室飄香，令人神怡。

白條冠
Discocactus arauneispinus

長毛般的白刺密織如鳥巢般，幾乎遮蓋了表面。多年的老植株會長出子株形成群生。

玉盃之華
Discocactus horstii

是圓盤玉屬中最小型的種，最大只能長到約直徑5～6cm左右。刺緊貼著球莖生長，即使碰觸也不會痛，可能也是受歡迎的原因之一。

黑刺圓盤
Discocactus tricornis var. giganteus

是 *Discocactus tricornis* 培育得比較大型的變種，黑色的強刺充滿魅力。在圓盤玉屬當中算是頗有人氣。

鹿角柱屬
Echinocereus

DATA

科　　名	仙人掌科
原 產 地	美國南部、墨西哥
生 長 期	夏型
給　　水	春～秋季1週2次，冬季1個月1次
根　　粗	細根型
難 易 度	★★☆☆☆

　　其分布區域從墨西哥到美國新墨西哥州、亞利桑那州、德州、加州，約有50個已知的種。大多是群生的小型種，因為從春季到夏季會開出粉紅色、橘色、黃色等又大又美麗的花朵，是很有人氣的花仙人掌。

衛美玉
Echinocereus fendleri

原產於墨西哥北部的柱狀仙人掌，布滿密密麻麻的刺是其特徵，春季到秋季會開鮮艷的粉紅色花朵，開花大多只能維持一天。

紫太陽
Echinocereus pectinate var. *rigidissimus* 'Purpleus'

原產於墨西哥，是本屬裡最有人氣的一種，紫色的刺會隨著生長產生濃淡變化，而形成漸層（一圈代表一年）。若有充份的日照會長得很漂亮。花期是在春季。

麗光丸
Echinocereus reichenbachii

原產於美國南部和墨西哥，有很多的變種。本種屬於基本種，花是粉紅色的，直徑約6～7cm，於春季開花。喜好日照充足、通風良好的環境。

月世界屬
Epithelantha

DATA

科　　名	仙人掌科
原 產 地	美國、墨西哥
生 長 期	夏型
給　　水	春～秋季 2 週 1 次，冬季 1 個月 1 次
根　　粗	細根型
難 易 度	★★☆☆☆

　　原產地分布於北美至墨西哥，球形或圓桶狀的小型仙人掌，包含「輝夜姬」、「月世界」、「大月丸」等。比較多小型種，其特徵是纖細的刺，且多為群生。群生株在栽培時要特別注意通風。

天世界
Epithelantha grusonii

小而美的群生株，白色的細刺密生，幾乎看不見莖的表皮。紅色部分是開花後的果實，長條狀的樣子很有趣。

小人之帽子
Epithelantha horizonthalonius

小型種，但會形成群生株，短刺緊密附著在莖表皮上。碰觸到也不會痛。長介殼蟲的話很難消滅，是這個屬很麻煩的一點。

輝夜姬
Epithelantha micromeris var. *longispina*

連名字都很可愛、很有人氣，全株被柔軟的白刺覆蓋，從植株基部長出子株，形成群生株。前端有黑色直刺，要小心不要碰觸到。冬天要移至室內管理。

金鯱屬
Echinocactus

DATA

科　　名	仙人掌科
原 產 地	美國、墨西哥
生 長 期	夏型
給　　水	春～秋季 2 週 1 次，冬季 1 個月 1 次
根　　粗	細根型
難 易 度	★★☆☆☆

　　會從刺座長出銳刺的多稜仙人掌。形狀為球形或是樽形，持續生長的話，很多會長成超過 50cm 以上的大型植株。喜歡在向陽處，若日照不足，刺可能會稀疏不漂亮。冬季時，溫度也要維持在攝氏 5 度以上。日夜溫差越大，生長會越快速。

金鯱
Echinocactus grusonii

可說是仙人掌的代表種。原生地因為被水淹沒，據說已瀕臨絕種，故現存的植株非常珍貴。黃色的刺是其特徵，發育良好的話，球體直徑可達 1 公尺以上。

黑刺太平丸
Echinocactus horizonthalonius f.

「太平丸」的黑刺種。照片這株是日本用實生法培育出來，外形很美麗的個體。因為生長緩慢，要有耐性，細心照料。

大龍冠
Echinocactus polycephalus

屬於栽培困難的種，但是日本最近市面上出現了實生法培育的植株，從國外進口的植株近乎絕跡。照片這株就是日本培育的實生株。

短毛丸屬
Echinopsis

DATA

科　　名	仙人掌科
原 產 地	南美洲
生 長 期	夏型
給　　水	春～秋季 1 週 2 次，冬季 1 個月 1 次
根　　粗	細根型
難 易 度	★★☆☆☆

　　分布區域遍及巴西南部、烏拉圭、阿根廷、玻利維亞、巴拉圭等國家，已知約有一百多種，園藝品種亦為數眾多。在日本，從大正時代就開始有人栽培，民家屋前院後不時可見其蹤影。生命力很強，很容易照顧，有時也會被當作嫁接的砧木。

▌世界之圖
Echinopsis eyriesii f. *variegata*

基本種的「短毛丸（*Echinopsis eyriesii*）」是一般人家最常見到，經常形成群生株的一種仙人掌。世界之圖則是短毛丸多了黃斑的品種。照片這株大約是 10cm 寬。

松毬丸屬
Escobaria

DATA

科　　名	仙人掌科
原 產 地	美國西南部、墨西哥
生 長 期	夏型
給　　水	春～秋季 1 週 2 次，冬季 1 個月 1 次
根　　粗	細根型
難 易 度	★★☆☆☆

　　其分布區域從墨西哥到美國德州，已知的種大約只有 20 種，不甚起眼的小屬。大多是小型種，易成群生。體型嬌小，卻能開出令人驚艷的大型花朵，而且有很多不同的顏色。因為野生棲息地逐漸縮減，被華盛頓公約指定為第一級保育類植物。

▌孤雁丸
Escobaria leei

小型種，卻經常形成群生株。將之與「龍神木」之類的種嫁接，數年就能長成如照片裡的群生株。照片的這株大約是 10cm 寬。

強刺仙人掌屬
Ferocactus

DATA

科　　名	仙人掌科
原 產 地	美國西南部
生 長 期	夏型
給　　水	春～秋季1週1次，冬季1個月1次
根　　粗	細根型
難 易 度	★★☆☆☆

　　跟金鯱屬一樣，該屬裡有很多種類的掌刺都很美麗。掌刺的顏色豐富，像是有著黃刺的強健種「金冠龍」，以及有著紅刺的「赤鳳」，都為人所熟知。適度的換土很重要，若根部糾結會造成生長不良，也會影響到掌刺的生長發育。

金冠龍
Ferocactus chrysacanthus

有著黃色華麗掌刺的球狀仙人掌。有時也會看到紅刺的品種。要在日照充足、通風良好的地方栽培。過於潮濕的話，刺座容易髒污，要特別留心。

龍鳳玉
Ferocactus gatesii

帶著美麗尖刺的仙人掌。尤其是剛長出來的刺特別鮮紅美麗，很有觀賞價值。夏季讓它休眠，冬季再讓它繼續生長。

日之出丸
Ferocactus latispinus

長著漂亮尖刺的仙人掌，較粗的黃刺搭配上紅刺，非常好看。雖然市面上賣的大多是比較小型的，但有的成株可長至直徑40cm。

帝王冠屬
Geohintonia

DATA

科　　名	仙人掌科
原 產 地	墨西哥
生 長 期	夏型
給　　水	春～秋季 1 週 2 次，冬季 1 個月 1 次
根　　粗	細根型
難 易 度	★★☆☆☆

　　上個世紀末在墨西哥山地的石灰岩斜坡上被發現。1992 年被記載的只有「帝王冠（*Geohintonia Mexicana*）」一個種，是一屬一種的新屬。屬名是用發現者的名字 George Sebastian Hinton 去命名的。生長極為緩慢，約只能長到直徑 10cm 左右。

帝王冠
Geohintonia Mexicana

跟「雛籠（*Aztekium hintonii*）」（請見 96 頁）一樣，生長速度緩慢。照片這株是用實生法培育 6 年的開花株，直徑約 6cm。

綾波屬
Homalocephala

DATA

科　　名	仙人掌科
原 產 地	德州、新墨西哥州、墨西哥北部
生 長 期	夏型
給　　水	春～秋季 1 週 2 次，冬季 1 個月 1 次
根　　粗	細根型
難 易 度	★★☆☆☆

　　只有綾波（*Homalocephala texensis*）一個已知的種，一屬一種的仙人掌。「綾波」係沿用日本和名，是很早前就引入日本且受人歡迎。球狀、單頭，不會形成群生，會開漏斗狀的粉紅花朵。栽培方式請比照金鯱屬。

綾波（石化）
Homalocephala texensis f. monstrosa

「綾波」原產於美國西部至墨西哥，這株是「綾波」生長點增生的石化個體。「綾波」有時也會被認為是金鯱屬。

裸萼球屬
Gymnocalycium

DATA

科　　名	仙人掌科
原 產 地	阿根廷、巴西、玻利維亞
生 長 期	夏型
給　　水	春～秋季 2 週 1 次，冬季 1 個月 1 次
根　　粗	細根型
難 易 度	★★☆☆☆

　　來自南美洲的仙人掌，多分布於阿根廷、巴西、玻利維亞的草原地帶，已知約有 70 種。大多是直徑 4 ～ 15cm 的小型種，外形也大多簡單樸素，從以前就很受偏好素雅的多肉玩家歡迎。

　　因為原生於草原地帶，大多數比普通的仙人掌不喜好強光，給水量也要稍微多一點。不甚耐寒，因此冬天要移至室內，最低溫度要維持攝氏 10 度以上。

　　冬季若日照充足，開花狀況會比較良好，從春季到秋季會長出紡錘狀的花苞，並陸續綻放。除了紅花的「緋花王」和黃花的「稚龍玉」，大多是開白色的花。

　　「緋牡丹」等紅色或錦斑的種，因為葉綠素比較少，栽培上比普通種類更加困難。全身紅色的種類，因為幾乎沒有葉綠素，無法獨立存活，所以必須嫁接到「三角柱」或是「龍神木」上面才能生長。

▍翠晃冠錦
Gymnocalycium anisitsii f. variegata

「翠晃冠」的紅黃錦斑種。仙人掌的錦斑大多是局部片狀斑紋，但這株是斑紋均勻分布的絕品，雖然是錦斑品種，但是很健康。

▍鳳頭
Gymnocalycium asterium

小巧的莖身配上極短的黑刺十分相稱。外形簡潔雅緻。

怪龍丸
Gymnocalycium bodendenderianum f.

這個種有很多模樣。照片這株是形狀漂亮的優形種。扁圓的球體充滿魅力。

麗蛇丸
Gymnocalycium damsii

表面凹凸起伏，色澤鮮亮的球狀仙人掌。是這個屬裡最喜歡弱光條件的一種，建議在室內的窗邊等場所栽培。

良寬
Gymnocalycium chiquitanum

「良寬」這個名字有學名混亂的現象，市面上似乎出現兩種系統。照片這株是屬於刺較長的類型。

強刺碧巖玉／應天門
Gymnocalycium hybopleurum var. *ferosior*

擁有裸萼球屬中最強壯的刺。與「鬥鷲玉」、「猛鷲玉」並列，都十分受到強刺愛好者的青睞。

緋牡丹錦
Gymnocalycium mihanovichii var. *friedrichii* f. *variegata*

「牡丹玉（*G. mihanovichii*）」的變種，照片
這株有著鮮艷的紅斑，又被稱為赤黑緋牡丹錦。
栽培困難，因為不耐陽光直射，所以必須進行
遮光管理。

緋牡丹錦五色斑
Gymnocalycium mihanovichii var. *friedrichii* f. *variegata*

同時擁有紅、綠、黃、橘、黑五色的「緋牡丹
錦」。是非常美麗的錦斑種。照片這株直徑約
5cm。

白刺新天地錦
Gymnocalycium saglione f. *variegata*

在裸萼球屬當中算是大型種，單球可長至 50cm
左右，變成相當有份量的植株。照片這株是白
色的掌刺。

一本刺
Gymnocalycium vatteri

一般是一個刺座長 1 根刺，但有時也會有 2～
3 根的情況。一本刺中的優良品被稱為「春秋之
壺」。

烏羽玉屬
Lophophora

DATA

科　　名	仙人掌科
原 產 地	墨西哥、美國德州
生 長 期	夏型
給　　水	春～秋季 1 週 2 次，冬季 1 個月 1 次
根　　粗	細根型
難 易 度	★★☆☆☆

　　原產於美國德州至墨西哥一帶，只有 3
個種為人所知的小屬。柔軟的莖沒有刺，
看似毫無防備的模樣，卻含有毒性，能防
止鳥類或動物的採食。因為無刺，所以很
容易照料，體質強健，長期栽種能長成漂
亮的群生株。

翠冠玉
Lophophora diffusa

淡綠色的柔軟表皮上面開著白色小花。也有認
為其與「白冠玉」（*Lophophora echinata
var. diffusa*）是不同品種的意見。

烏羽玉
Lophophora williamsii

烏羽玉屬的代表種，雖然生長緩慢，但是生命
力強，算是容易栽培。疣前端的毛要注意不要
澆到水。

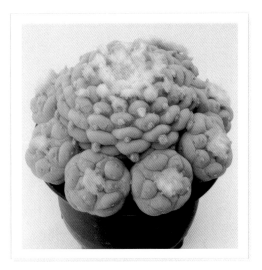

銀冠玉
Lophophora williamsii var. decipiens

稍微小型的烏羽玉，會開可愛的粉紅色花朵。

疣仙人掌屬
Mammillaria

DATA

科　　名	仙人掌科
原 產 地	美國、南美洲、西印度群島
生 長 期	夏型
給　　水	春～秋季 2 週 1 次，冬季 1 個月 1 次
根　　粗	細根型
難 易 度	★☆☆☆☆

　　主要分布於墨西哥，擁有超過 400 種以上的龐大族群。從球形到圓筒形都有，長出子株形成群生的類型也可見到。有各種形狀的刺，大多是小型種，相當具收集性的仙人掌。「Mammillaria」這個名字代表疣狀突起。因為刺大多從疣的頂點長出，所以又被稱為「疣狀仙人掌」。

　　開小花的種很多，但也有很難開花的種。

　　強健的種不少，屬於很容易栽培的仙人掌。基本上，只要注意日照和通風，就能生長良好。日照良好的話，球體表皮的顏色會比較深。

　　雖然屬強健的種，但是要注意夏季潮濕的問題。給水量過多，或過於潮濕，很容易造成腐爛。盡量保持通風良好，是成功栽種的訣竅。

▌布卡雷利
Mammillaria bucareliensis 'Erusamu'

以龜甲殿為基礎培育出的無刺品種。刺座的頂部只會長出綿毛，初春時會開出粉紅色的小花。

▌卡美娜
Mammillaria carmenae

形狀從球形到圓筒狀都有。一個個疣狀突起的前端，長滿無數呈放射狀的細刺。春季時會開白色和粉紅色的小花。

高崎丸
Mammillaria eichlamii

用地名來命名的珍貴仙人掌品種，只有日本群馬縣的栽培家才能培育出的珍品。

金手毬
Mammillaria elongata

細細圓筒狀的疣仙人掌屬，長著彎曲反折的黃色細刺。會從植株基部增生側芽形成群生，市面上也很常見石化種。

白鳥
Mammillaria herrerae

分布於墨西哥的疣仙人掌屬，全身長滿纖細白刺，非常美麗。會從基部長出子株，增生繁殖。開大型花朵，雄蕊是綠色的，十分美麗。

姬春星
Mammillaria humboldtii var. *caespitosa*

長出一堆子株，形成圓頂狀的群生株，於春季開出紫桃色的花，必須在日照充足的環境下栽種。照片這株約 10cm 寬。

勞依
Mammillaria laui

小型球體容易群生的疣仙人掌屬。從春季到夏初會開粉紅色的小花。冬天日照充足的話，結苞狀況會比較良好。

煙火
Mammillaria luethyi

於 1990 年代再度被發現，會開大型的粉紅花。雖然市面上大多是嫁接繁殖出來的，但是這樣也頗具樂趣。

雅卵丸
Mammillaria magallanii

被淡粉紅細刺包覆的小型疣仙人掌屬。很容易長出子株，形成漂亮的群生株。白色的花瓣，帶著粉紅色的中肋。

陽炎
Mammillaria pennispinosa

分布於墨西哥的疣仙人掌屬。紅色掌刺搭配纖細白毛，非常美麗。碰觸的話，刺或毛可能會脫落，要留心注意，栽培較為困難。

白星
Mammillaria plumosa

分布於墨西哥的疣仙人掌屬。如白雪般的絨毛
覆蓋整個植株。為了不弄髒白毛，請不要從頭
部澆水。

松霞
Mammillaria prolifera

很早就存在的古典派仙人掌。非常耐寒，在日
本關東以西，可以在屋外過冬。開花後會結很
多紅色果實，令人賞心悅目。

銀之明星
Mammillaria schiedeana f.

「明星」的白刺品種。比「明星」小型，但是群
生之後會變成可觀的植株。開的是小白花，樣
子不太顯眼。

月影丸
Mammillaria zeilmanniana

很小株卻能開滿花朵。因為用實生栽培，短期
內就會開花，會長出子株形成群生，在園藝店
等地方很常見，不過栽種較有難度。

金晃丸屬
Notocactus

DATA

科　　名	仙人掌科
原 產 地	墨西哥～阿根廷
生 長 期	夏型
給　　水	春～秋季1週2次，冬季1個月1次
根　　粗	細根型
難 易 度	★★☆☆☆

分布於墨西哥到阿根廷一帶，約有30個已知種的球狀仙人掌，後來又加入原本歸在金鯱屬的「金晃丸」，成為一個大家族。生長迅速，很快就能長成開花株，開出很多花朵，也因此老化得比較快，長得漂亮的群生株很少見。

賀泰利
Notocactus herteri

會開美麗的大型花朵，屬於強健，容易培育的仙人掌，有很多長相類似的近緣種。

金晃丸
Notocactus leninghausii

成株可長至直徑約30cm的圓筒狀，從植株基部長出子株形成群生株。春～夏季會開出約4cm大小的黃花。原本是金鯱屬，後來編入本屬。

紅小町
Notocactus scopa var. ruberri

纖細的白色毛刺裡夾雜著紫色的刺，非常美麗。雖是小型種，但會長出很多子株形成群生株。

仙人掌屬
（團扇仙人掌）
Opuntia

DATA

科　　名	仙人掌科
原 產 地	美國、墨西哥、南美洲
生 長 期	夏型
給　　水	春～秋季 1 週 2 次，冬季 1 個月 1 次
根　　粗	細根型
難 易 度	★★☆☆☆

　擁有扁平團扇狀植莖的仙人掌。扁平板狀莖節有的可長至 50cm 以上，也有小至僅有指節大小，各種尺寸包羅萬象。體質強健，繁殖力強，栽培容易。若置於日照及通風良好之處，很快就能成長茁壯。用扦插等方式很簡單就能繁殖。

金烏帽子
Opuntia microdasys

模樣可愛的小型團扇仙人掌。長滿很多小刺，碰到的話，會被無數刺刺到產生刺痛感，所以要小心不要碰觸到。

象牙團扇
Opuntia microdasys var. albisipna

別名「兔耳朵」，小型的團扇仙人掌，會開黃色小花，屬於容易栽種的種。繁殖力旺盛，會從植莖長出很多新芽。

白雞冠
Opuntia clavarioides f. cristata

形狀獨特的珍品，是「茸團扇」的綴化種，團扇仙人掌的近緣種，之前被歸類於仙人掌屬，但是最近被編入圓筒仙人掌屬（*Austrocylindropuntia*）。

姣麗玉屬
Turbinicarpus

DATA

科　　名	仙人掌科
原 產 地	墨西哥
生 長 期	夏型
給　　水	春～秋季1週2次，冬季1個月1次
根　　粗	細根型
難 易 度	★★☆☆☆

　　原產於墨西哥，約有10個已知的種，全部都是小型仙人掌，但可形成群生株。在原生地據說已近乎滅絕，被華盛頓公約指定為第一級保育類植物。透過自家授粉採集種子繁殖，在日本亦成功栽培了很多實生苗。

精巧殿
Turbinicarpus pesudopectinatus

全株由形狀獨特的刺座排列組成，非常美麗，碰到它的刺也不會受傷很安全。雖然生長緩慢，但是都能長成漂亮的植株，很推薦種植。

蘿絲芙蘿拉
Turbinicarpus roseiflora

小型植株形成群生，會長出黑色的掌刺，並開出這個屬裡少見的可愛粉紅花。

昇龍丸
Turbinicarpus schmiedickeanus

是姣麗玉屬的代表種，雖然小型，但形成群生株的話，就很有觀賞價值。照片這株整體的寬度約是15cm。

長城丸
Turbinicarpus pseudomacrochele

原產於墨西哥，刺座的毛和彎曲的掌刺很特別。
春季時會開粉紅色的中大型花朵。

尤伯球屬
Uebelmannia

DATA

科　　名	仙人掌科
原 產 地	巴西東部
生 長 期	夏型
給　　水	春～秋季1週2次，冬季1個月1次
根　　粗	細根型
難 易 度	★★☆☆☆

　　1966年發現，算是較新的屬，屬名是以
發現者 Werner J. Uebelmann 命名的。包
含黃刺尤伯球和櫛極丸等5～6個種，主
要分布於巴西東部。雖然生長緩慢，但是
體質強健，只要能渡過小苗階段，後續就
能順利成長。

黃刺尤伯球
Uebelmannia flavispina

掌刺是黃色的尤伯球屬，花也是黃色的。照片
這株約是10cm寬，若繼續生長，會長成柱狀。

櫛極丸
Uebelmannia pectinifera

尤伯球屬的代表種，夏季期間是綠色的，但是
到秋季楓紅時，表皮會染上紫色，非常好看。
照片這株約是10cm寬。

花籠屬
Aztekium

雪晃屬
Brasilicactus

仙人柱屬
Cereus

　　花籠屬原本只有在墨西哥發現的花籠（*Aztekium ritteri*）一個種，後來於1992年又發現雛籠，變成2個種。雪晃屬也是小屬，只有在巴西發現的2個種。仙人柱屬分布範圍較廣，屬於柱狀仙人掌類。

雛籠
Aztekium hintonii

是比較晚期才發現的新種。生長非常緩慢，但栽種並不困難，順利成長的話，寬度和高度都可長至10cm左右。

雪晃
Brasilicactus haselbergii

密生白刺和朱紅花朵形成美麗的對比。生長迅速，不久就能長成開花株，花期是春季和秋季，但也因此很快老化。

金獅子
Cereus variabilis f. monstrosa

長著褐色柔軟的刺，經常因為石化而成為瘤狀。冬天要移至室內管理，溫度要保持攝氏5度以上。用扦插法很簡單就能繁殖。

老樂柱屬
Espostoa

月光殿屬
Krainzia

光山屬
Leuchtenbergia

　　老樂柱屬原產於秘魯，包含 6 種因全身被白毛覆蓋而被稱為「毛柱」的柱狀仙人掌。月光殿屬在墨西哥只有 2 個已知的種，一開始是球狀，之後會長成柱狀。光山屬只有產於墨西哥的 1 個已知種，因為原生地環境是在雜草間，所以請在沒有強光直射的場所栽種。

老樂
Espostoa lanata

全身都被密生白毛覆蓋的柱狀仙人掌。長長的白毛具有阻隔陽光直射的功能。據說也有抵禦寒冷的作用。

薰光殿
Krainzia guelzowiana 'Kunkouden'

月光殿屬是除了薰光殿之外，只有 2 ～ 3 個種的小屬。在照料時要注意不要傷到它柔軟的疣。

晃山
Leuchtenbergia principis

也可稱之為「光山」，光山屬裡只有這個種。如多肉植物般的獨特模樣，也有人培育出它跟強刺仙人掌屬（*Ferocactus*）的屬間交配種（歸類於 *Ferobergia* 屬）。

麗花丸屬
Lobivia

龍神木屬
Myrtillocactus

銀翁玉屬
Neoporteria

　　麗花丸屬是分布於阿根廷到秘魯一帶，約有 150 個種的大屬。屬於多花性仙人掌，會開出許多美麗的花朵，所以很受人喜愛。龍神木屬是以「龍神木」為代表的柱狀仙人掌，在墨西哥有 4 個已知種。銀翁玉屬，在智利約有 20 個已知種，屬於中型的玉仙人掌。

花鏡丸
Lobivia 'Hanakagamimaru'

花仙人掌類的麗花丸屬很受人喜愛。樣子雖然不起眼，但到了開花季節，卻會令人驚艷。

龍神木綴化
Myrtillocactus geometrizans f. cristata

「龍神木」的綴化品種，奇特的模樣很有趣，不知為何特別受義大利人喜好。很容易感染介殼蟲，要特別注意。

戀魔玉
Neoporteria coimasensis

灰色的銳刺充滿魅力，長成後會在頭頂部開花。早春時，會搶先其它仙人掌開出粉紅色大花。

帝冠屬
Obregonia

獅子錦屬
Oreocereus

帝王龍屬
Ortegocactus

　帝冠屬是原產於墨西哥,一屬一種的球狀仙人掌。獅子錦屬分布於秘魯、智利,約有 6 個原生種的小型柱狀仙人掌,長刺和長毛是其特徵。帝王龍屬只有帝王龍一種,原產於墨西哥,表皮黃綠色,一屬一種的獨特仙人掌。

▌帝冠
Obregonia denegrii

跟岩牡丹屬(*Ariocarpus*)外形類似,一屬一種的仙人掌。小苗時期生長速度緩慢,很容易枯萎,但是長至成球之後,就會變得很強健。

▌麗翁錦(獅子錦)
Oreocereus neocelsianus

披著如絲般的濃密白色長毛,長著黃色的銳刺,夏天會開淡粉紅色的花。盛夏時,請置於通風良好的日陰處,生長會比較良好。

▌帝王龍
Ortegocactus macdougalii

一屬一種的獨特仙人掌。淺綠中透出淡黃,凹凸不平的表面,長著細小的掌刺,開的花朵是黃色的。照片這株約是 10cm 寬。

精巧丸屬
Pelechyphora

絲葦屬
Rhypsalis

縮玉屬
Stenocactus

　　精巧丸屬是生長於墨西哥的小屬。絲葦屬分布於佛羅里達州到阿根廷一帶，約有 60 個已知種的森林性仙人掌，會附生在樹枝上。要避免強光直照，同時需要較多的給水量。縮玉屬（舊有拉丁學名是 *Echinofossulocactus*），原產於墨西哥，約有 30 個為人所知的種，其特徵是球狀，有很多的稜。

▌精巧丸
Pelechyphora aselliformis

跟 94 頁姣麗玉屬的精巧殿很相似，但是開花的方式不同，這個種是頂生的粉紅色小花。

▌青柳
Rhypsalis cereuscula

是森林性仙人掌的絲葦屬裡的小型種。花很小並不起眼，但是之後結的果實，非常可愛。

▌千波萬波
Stenocactus multicostatus

如波浪般起伏的稜充滿魅力，是「縮玉」當中外形出色的種。稜的數量據說是仙人掌當中最多的。照片這株約是 10cm 寬。

菊水屬
Strombocactus

溝寶山屬
Sulcorebutia

緋冠龍屬
Thelocactus

　　菊水屬是一屬一種，只有原產於墨西哥的「菊水」一個種。溝寶山屬在玻利維亞約有 30 個已知種，屬於小型的球狀仙人掌。緋冠龍屬約有 20 個種，分布於美國德州和墨西哥之間。大疣和強刺是其特徵。

▌菊水
Strombocactus disciformis

一屬一種的獨特小型種。生長極為緩慢，實生栽種一年只會長 1 ～ 2cm 左右。要長成照片這株的大小（直徑 5cm），需十年以上的時間。

▌黑麗丸
Sulcorebutia rauschii

同類當中也有綠色的綠麗丸，但是紫色的紫麗丸比較有人氣。學名雖是 *Sulcorebutia*，卻和 *Rebutia*（寶山屬）有很大差異。

▌緋冠龍
Thelocactus hexaedrophorus var. *fossulatus*

被歸類於「強刺仙人掌」，白中透紅的長刺，是很討喜的仙人掌。經過選拔，強刺的模樣益發美麗，最近已看得到外形出色的植株。

PART 3
番杏科（女仙類）

以南非為中心，有一千多種為人所知的多肉植物，舊科名
Mesembryanthemaceae 簡稱為 Mesemb，日本習慣音譯
為メセン，台灣部分玩家便暱稱為女仙或美仙。以肉錐花屬
（Conophytum）和生石花屬（Lithops）等葉子高度肉質化
形成球狀，被稱為玉型女仙的族群為代表。會開美麗花朵的
種類也很多，以花為主要觀賞重點的稱之為賞花型女仙。

碧玉屬
Antegibbaeum

DATA

科 名	番杏科
原 產 地	南非
生 長 期	冬型
給 水	秋～春季2週1次，夏季1個月1次
根 粗	細根型
難 易 度	★★☆☆☆

有著葉子柔軟肥厚的特徵。原產於南非，生長於乾燥的砂礫土壤。在日本，生長期是秋～春季的冬型。在番杏科當中，屬於強健容易照顧的。冬季要保持攝氏0度以上，夏季要控制給水量，讓它休眠。

碧玉
Antegibbaeum fissoides

被歸類為賞花型女仙。初春會開很多紫紅色的花朵。栽種時要注意日照和通風。夏季時要避免陽光直射，需進行遮光管理。

金鈴屬
Argyroderma

DATA

科 名	番杏科
原 產 地	南非
生 長 期	冬型
給 水	秋～春季2週1次，夏季1個月1次
根 粗	細根型
難 易 度	★★☆☆☆

在南非開普省約有50個已知的種，其拉丁學名意指「銀白色的葉子」。光滑的葉子以2片為一組交互對生，生長年數較久時，會形成群生。葉子主要是青磁色，但也有帶紅色的情況。雖然是冬型，但是秋季至冬季的生長期，若過於潮濕，葉身容易破裂，請小心注意。

寶槌玉
Argyroderma fissum

原產南非，是金鈴屬的代表種。在該屬裡屬於小型種，高度約4cm。銀白色的葉片對生，形成5～10個群生株。

碧魚連屬
Braunsia

DATA

科　　名	番杏科	
原 產 地	南非	
生 長 期	冬型	
給　　水	秋～春季 1 週 1 次，夏季 1 個月 1 次	
根　　粗	細根型	
難 易 度	★★★☆☆	

　　在南非南端有 5 個已知種的小屬。莖向上匍匐生長，莖上長了許多肉質的葉子。冬季至初春會開粉紅色的花朵。夏天要置於通風良好的場所，避免陽光直射，讓它休眠。冬季要維持攝氏 0 度以上。也有人使用「*Echinus*」這個屬名。

▌碧魚連
Braunsia maximiliani

這個屬之中最普及，比較有人氣的種，如同小魚般的小巧葉片，是這個名稱的由來。莖會橫向延伸。初春時會開 2cm 大小的桃紅色花朵。

繪島屬
Cephalophyllum

DATA

科　　名	番杏科	
原 產 地	南非	
生 長 期	冬型	
給　　水	秋～春季 2 週 1 次，夏季 1 個月 1 次	
根　　粗	細根型	
難 易 度	★★☆☆☆	

　　原產於南非西南部，分布於小納馬庫蘭到卡魯一帶，約有 50 個種為世人所知。會開黃色、紅色、粉紅色等等美麗的花朵。屬於冬型，夏季需要休眠，並減少給水量，移至陰涼處栽培。秋季時用扦插法就能繁殖。

▌皮蘭西
Cephalophyllum pillansii

原產於南非的納馬庫蘭，會在地面攀爬蔓延群生，開出直徑約 6cm 的黃色大型花朵。夏季時保持環境陰涼是栽培的重點。

神風玉屬
Cheiridopsis

DATA

科　名	番杏科
原 產 地	南非等地
生 長 期	冬型
給　水	秋～春季 2 週 1 次，夏季斷水
根　粗	細根型
難 易 度	★★★★★

含有大量水分，高度肉質化的番杏科植物。已知約有 100 種。葉子有半圓形，也有細長圓筒狀。生長期是秋季～春季的冬型。基本上從梅雨季到八月中要斷水，夏季時要避免陽光直射。因為不喜歡過度潮濕的環境，所以要注意通風。初秋時會脫皮，長出新的葉子。

布郎尼
Cheiridopsis brownii

從植株基部長出分裂成 2 瓣，向外展開的肉質葉片。冬季至初春會開出鮮黃色的花朵。脫皮時要控制給水量，並置於陰涼處進行管理。

神風玉
Cheiridopsis pillansii

淡綠色的肥厚葉片很惹人憐愛。於冬季開花，直徑約 5cm，淡黃色是常見的顏色，但也有桃色、紅色及白色等等的園藝品種。栽培稍微困難，夏季也須少量給水。

圖比那
Cheiridopsis turbinate

屬於細長形，葉端尖狀的種。細長葉子的神風玉屬較半圓形的種類容易栽培，生長速度也比較快。

肉錐花屬
Conophytum

DATA

科　　名	番杏科
原 產 地	南非、納米比亞
生 長 期	冬型
給　　水	秋～春季 1～2 週 1 次，夏季斷水
根　　粗	細根型
難 易 度	★★★★★

分布於南非至納米比亞，有很多小型原生種的多肉植物。因為分類困難，還沒有明確的種數。番杏科的代表性多肉植物。兩片葉子合體成圓形主體的模樣相當可愛，鮮艷的花朵也是其魅力所在。種類繁多，葉子的形態也非常多樣化，有圓形、足袋形（蟹鉗形）、棋子形、馬鞍形等等不同的類型。顏色、透明度和長相也是五花八門，會誘發人想要收集的欲望。

生長期是是秋季至春季，夏季會休眠，初秋脫皮並分球。大概五月左右，葉子會失去彈性，開始準備脫皮。生長期要在日照充足的場所進行管理。1～2 週充份給水 1 次。休眠期須移至通風良好、明亮的日陰處。初夏要開始控制少量給水，夏季期間斷水。每 2～3 年換土 1 次，最佳時機是在秋季。扦插時，要保留少許根部後切下，放置約 2～3 天讓切口乾燥後，再進行扦插。

淡雪
Conophytum altum

原生於南非納馬庫蘭周邊，足袋形的小型種，經常形成群生，花朵為黃色。葉子是帶有光澤的綠色，沒有斑紋。

大燈泡
Conophytum burgeri

渾圓的模樣很受人喜愛，葉色是帶透明感的鮮綠色。休眠期前會染上紅色。夏季時容易腐爛，須小心注意。

▌克莉絲汀
Conophytum christiansenianum

大型葉片延伸如足袋狀的肉錐花屬，水嫩柔軟的質感充滿魅力。於秋季開出黃色花朵。栽培時要特別注意夏季的環境。

▌梅布爾之火
Conophytum ectipum 'Mabel's fire'

原產於南非的小型肉錐花屬，有很多不同的長相，這裡介紹的這個園藝品種原產於南非開普省的納馬庫蘭，葉片表面有如經脈般的花紋。

▌寂光
Conophytum frutescens

比較渾圓的足袋形灰綠色肉錐花屬。初夏會開橘色花朵的早開種，與其它種相比，生長期需要稍微乾燥一點的栽培環境。

▌群碧玉
Conophytum glabrum

原產於南非西部，寬度約 1.5cm 的馬鞍形肉錐花屬。葉子表面沒有花紋，於白天開粉紅色的單瓣花。

翼 rex
Conophytum herreanthus ssp. *rex*

生長於南非多岩石地帶的足袋形肉錐花屬，白天開花，散發著迷人香氣。在肉錐花屬裡算是屬性比較不一樣的種。

京稚兒
Conophytum khamiesbergensis

凹凸不平的足袋形肉錐花屬。經常會分頭，形成半圓頂狀的群生株。冬季會開粉紅色的花。

阿主法格
Conophytum lithopsoides ssp. *arturofago*

原產於南美州的小型種。葉窗部分是透明的，很漂亮，因此很有人氣。這裡介紹的這個亞種，其葉窗有明顯的斑點。

玉彥
Conophytum obcordellum 'N.Vredendal'

肉錐花屬的圓形種，原產於南非開普省。於夜間開花，花色為白色或乳白色，葉子有很多不同的模樣，也人有稱之為「白眉玉」。

▌烏斯普倫
Conophytum obcordellum 'Ursprungianum'

比 109 頁「玉彥」的斑紋更大更明顯的種。白
色表皮帶著透明的大斑點，相當美麗，因而受
到歡迎。

▌春青玉
Conophytum odoratum

有著圓滾滾可愛模樣的肉錐花屬。整體為灰綠
色，表面布滿斑點。於夜間開花，花是鮮艷的
粉紅色。本種別名「青蛾」。

▌歐非普雷遜
Conophytum ovipressum

特徵是有著小巧的圓形肉質葉，生長時會從側
邊長出很多葉子形成群生，葉片表面布滿深綠
色的斑點。

▌大納言
Conophytum pauxllum

馬鞍形的群生種，葉子是濃綠色，在接近基部
的地方會帶紅色，於夜間開出白花。也有人稱
之為「細玉」。

蝴蝶勳章玉
Conophytum pellucidum var. terricolor

表面有些微凹陷，全身呈現紅紫色。深紫色斑點有時會連綴形成相連線條的圖案。會於夜間開出白色花朵。

勳章玉
Conophytum pellucidum

原產於南非，高度約 2cm 的中型馬鞍形肉錐花屬。葉窗有很多種模樣，左邊的蝴蝶勳章玉是它其中一個變種。

翠光玉
Conophytum pillansii

分布於南非中西部，略為大型的球形肉錐花屬，可長至寬度約 2.5cm。基本的花色為粉紅色，但有深淺不同的差異。

露苟遜
Conophytum rugosum

有著略帶紫色的褐色表皮，小型的馬鞍形種。分成兩股的頂面平坦，擁有深色葉窗，屬於珍貴的種。於秋季開出紫色或紅色花朵。

小槌
Conophytum wettsteinii

生長於南非多岩石山坡地區，樣貌為灰綠色的足袋形。屬於早開花種，會於6～7月綻放橙色花朵。

威廉
Conophytum wilhelmii

主體為圓形但上半部平坦的棋子狀，球徑約2～4cm，會在白天開出淡紫色的大型花朵，也有黃色花的種類。

威帝柏根
Conophytum wittebergense

原產於南非，小型的樽型肉錐花屬。有很多不同的模樣，照片這株是綠色，葉窗上面有唐草花紋的圖案。

威帝柏根
Conophytum wittebergense

這株是屬於葉窗上斑點不相連的類型，顏色偏藍綠色，屬於晚開種，秋季至冬季會開出花瓣纖細的白花。

愛泉
Conophytum 'Aisen'

在日本培育出的足袋形小型品種。葉片是美麗的綠色，葉緣染上些許紅色。

秋茜
Conophytum 'Aakiakane'

足袋形的小型品種。白天開花，冬季時會綻放黃色的花朵。

極光
Conophytum 'Aurora'

肉質肥厚的足袋形品種。葉子的頭部有紅色條紋。花黃色，是在日本培育出的交配種。

綾鼓
Conophytum 'Ayatuzumi'

很早前就存在的美麗品種，頂面些微凹陷，有一部分斑點稍微相連是其特徵。花是帶點粉紅的肉色。

紅之潮
Conophytum 'Beni no Sio'

綠色的足袋形肉錐花屬。冬天會開橘紅色的美麗花朵，並於日間綻放。秋季至春季須置於日照良好的場所照顧。

圓空（紅花）
Conophytum × *marnierianum*

略帶圓感的足袋形小型交配種（*C. ectypum* × *C. bilobum*）。一般的花色是橘紅色，照片這株的花偏紅色，是深紅色的個體。

圓空（黃花）
Conophytum × *marnierianum*

開黃花的「圓空」，跟右上的紅花圓空是相同品種，但比較容易形成群生株。

銀世界
Conophytum 'Ginsekai'

比較大型的足袋形白花品種，於白天綻放有光澤感的白色花朵。花型較大，具觀賞價值。

▌御所車
Conophytum ʹGoshoguruma'

短短的心形葉子,加上捲曲的花瓣是其特徵。
6～8月要完全斷水休眠。9月脫皮後,會長至
2～3倍大。照片這株,整體寬度約5cm,高
度約2cm左右。

▌花車
Conophytum ʹHanaguruma'

中型的足袋形肉錐花屬。花瓣呈漩渦狀,是「卷
花系」的代表。花是橘紅色,中心部分是黃色。

▌櫻姬
Conophytum ʹSakurahime'

肥厚的足袋形品種,花是淺紫色,中心部分是
黃色和白色,群生不是很常見。是在日本培育
出來的交配種。

▌神樂
Conophytum ʹKagura'

淡綠色的典型足袋形肉錐花屬。是在日本培育
出來的中型品種。

▌桐壺
Conophytum ectypum var. tischleri 'Kiritubo'

是「*Conophytum ectypum var. tischleri*」裡
的大型優良型。葉子帶著黃色，頂面的線條紋
路清晰鮮明，非常美麗。

▌黃金之波
Conophytum 'Koganenonami'

足袋形的肉錐花屬，綠色葉子透著紅色的美麗
品種。白天開花，花色是橘紅色。

▌小平次
Conophytum 'Koheiji'

高度可長至 6cm 的大型足袋形肉錐花屬，也有
頂部分成 3 股的情況。綠色的葉子染上些許紅
色，非常美麗。從夏季至秋季會開橘色的花朵。

▌明珍
Conophytum 'Myouchin'

小型的樽型肉錐花屬，表面布滿細微小點，屬
於夜間開花的品種，在冬夜裡會開花瓣纖細的
小花，並散發著微微香氣。

劇場玫瑰
Conophytum 'Opera Rose'

小型的足袋形肉錐花屬，會開出鮮艷的亮桃紅色大型花朵，因此成為人氣品種。

王將
Conophytum 'Oushou'

在肉錐花屬當中，屬於大型的足袋形交配種，開的是美麗的橘色花朵。

佐保姬
Conophytum 'Sahohime'

在卵形系裡，其開的花是比較少見的紫紅色，葉子是綠色，表面沒有斑點，很容易形成群生的小型品種。是在日本培育出來的交配種。

聖像
Conophytum 'Seizou'

卵形系的中型肉錐花屬，葉子是綠色，表面沒有斑點，花則為橘色，不太容易形成群生。是在日本培育出來的交配種。

信濃深山櫻
Conophytum 'Shinanomiyamazakura'

大型的足袋形肉錐花屬，會開美麗的粉紅色大型花朵，花的直徑約 3cm，於白天綻放，晚上則閉合。照片這株，整體寬度約是 8cm，高度約 5cm。

白雪姬
Conophytum 'Shirayukihime'

無明顯特徵的足袋形肉錐花屬，開的是清新娟秀的白色花朵，是日本培育出來的交配種。

静御前
Conophytum 'Shizukagozen'

馬鞍形的品種，會開大型花朵，中心部分是白色，纖細花瓣的末端則是紫紅色，因為花形美麗而受到歡迎。

天祥
Conophytum 'Tenshou'

略帶圓感的馬鞍形肉錐花屬。於白天開花，花色有白色、粉紅色。花形美麗，是大型細長花瓣的代表品種。

花水車
Conophytum ʼHanashishaʼ

足袋形的肉錐花屬。屬於花瓣會形成漩渦狀的
「卷花系」，花色是卷花系中少見的紫色，與中
心的橘色雄蕊形成對比，相當搶眼。不太容易
形成群生。

花園
Conophytum ʼHanazonoʼ

這株是實生栽培出來的，是眾多類型的「花園」
的其中一種，花色鮮艷充滿魅力。原本的「花
園」在開花初期到中期，幾乎不會出現黃色，
但這株卻顯現出黃色。

龍幻屬
Dracophilus

DATA

科 名	番杏科
原 產 地	南非
生 長 期	冬型
給 水	秋～春季2週1次，夏季1個月1次
根 粗	細根型
難 易 度	★★☆☆☆

原生於南非的西南端海岸，已知有4個
種。肉質葉片為白青磁色，兩兩成對生長，
很快就能長成群生株，開出淺紫色的花朵。
生長期在冬季，冬季時室溫要維持在攝氏
0度以上。

夢蒂斯
Dracophilus montis-draconis

分布於奈米比亞至南非的部分區域，是龍幻屬
的代表種。上面有細小鋸齒的青綠色葉子，長
度約3～4cm，到了冬季會轉成紅色，花則是
淺紫色。

雷童屬
Delosperma

DATA

科　　名	番杏科
原 產 地	南非
生 長 期	夏型
給　　水	春～秋季1週2～3次， 冬季1個月1～2次
根　　粗	細根型
難 易 度	★★☆☆☆

　　松葉菊的近緣種多肉植物。體質強健，露地栽培時，無需特別照顧就能生長良好，所以會被用來做為地被植物。開花性良好，只要條件適當，一整年都能開花。耐寒性強，所以也有「耐寒性松葉菊」的稱號。

▌夕波（麗人玉）
Delosperma corpuscularia lehmannii

兩兩成對生長，末端略圓的葉子陸續長出，形成塔狀植株。最近市面上已出現美麗的黃斑品種。

▌史帕曼
Delosperma sphalmantoides

許多細小的棒狀葉子形成群生，冬天會開美麗的粉紅花。夏天要置於通風良好的場所，在保持略為乾燥的狀態下進行管理。

▌細雪
Delosperma pottsii

莖經常會分叉，小型的肉質葉片形成群生，會開白色的小花。

四海波屬
Faucaria

DATA

科　　名	番杏科	
原 產 地	南非	
生 長 期	冬型	
給　　水	秋～春季 1 週 1 次，夏季斷水	
根　　粗	細根型	
難 易 度	★☆☆☆☆	

　　其特徵是葉片邊緣長著許多如鋸齒狀的刺。雖然栽種難度不高，但是不喜高溫多濕，所以夏季時要斷水，或是給予極少的水，是栽培重點。另外也要注意不要淋到雨。原生地是比較溫暖的環境，所以冬季要移至室內。

▌嚴波
Faucaria sp.

帶刺的三角形葉片重疊成有趣的形狀。秋天到冬天這段期間會開中大型黃色花朵。

群玉屬
Fenestraria

DATA

科　　名	番杏科	
原 產 地	南非	
生 長 期	冬型	
給　　水	秋～春季 2 週 1 次，夏季斷水	
根　　粗	細根型	
難 易 度	★★★★☆	

　　有著圓柱狀葉子的番杏科植物。在原生地，據說只有葉片前端的葉窗會伸出地表，其餘部分潛伏在土底下。但在日本不能深植，會過度潮濕而造成腐爛。非常不耐高溫多濕，夏天要完全斷水，不能淋雨。秋季到春季這段生長期，也要置於通風良好的地方，給水量也要控制。

▌五十鈴玉
Fenestraria aurantiaca

日照不足，給水量過多會造成徒長，且容易腐爛。請在日照充足的環境下好好照料。秋季至冬季會開黃色的花朵。

藻玲玉屬
Gibbaeum

DATA

科　　名	番杏科
原 產 地	南非
生 長 期	冬型
給　　水	秋～春季 2 週 1 次，夏季斷水
根　　粗	細根型
難 易 度	★★☆☆☆

　　會從成對葉子的中央裂開，長出新的葉子來。有球型的葉子，或是稍微細長的葉子等等約 20 個已知種。算是冬型的番杏科當中比較容易栽培的，但是夏天時最好斷水讓它休眠，會比較保險。很容易分球，所以繁殖很容易。

▌無比玉
Gibbaeum dispar

綠色表皮好像撒了一層白粉的美麗多肉植物，這是因為表面布滿許多細毛的緣故。秋季至冬季會開粉紅色的花朵。

寶祿屬
Glottiphyllum

DATA

科　　名	番杏科
原 產 地	南非
生 長 期	冬型
給　　水	秋～春季 1 週 1 次，夏季 1 個月 1 次
根　　粗	細根型
難 易 度	★☆☆☆☆

　　在南非約有 60 個已知的種。大部分都是長著 3 稜形～舌狀的肉質葉片，開黃色的美麗花朵，是冬型番杏科裡容易栽種的。比較能耐夏季暑熱，溫暖地區的冬季放在戶外亦能生長。體質強健，很容易繁殖。

▌碧翼
Glottiphyllum longum

從多肉質的葉片中間綻放出黃色的花朵。耐寒性較強，在日本關東以西，即使是冬季也能在戶外栽培。

麗玉屬
Ihlenfeldtia

DATA

科　　名	番杏科
原 產 地	南非
生 長 期	冬型
給　　水	秋～春季 2 週 1 次，夏季斷水
根　　粗	細根型
難 易 度	★★☆☆☆

　　最近才從神風玉屬（*Cheiridopsis*）分離出來的新屬，在南非約有 3 個已知的種。跟神風玉屬一樣都是成對生長的多肉質葉片，會從葉片中間綻放帶有光澤感的黃花。日本市面上一般能看到的，大概只有麗玉這個種。

麗玉
Ihlenfeldtia vanzylii

原生於南非西南部，在當地會長成像石塊般的群生株。高度約 5cm，開的是黃花。

魔玉屬
Lapidaria

DATA

科　　名	番杏科
原 產 地	南非、納米比亞
生 長 期	冬型
給　　水	秋～春季 1 週 1 次，夏季 1 個月 1 次
根　　粗	細根型
難 易 度	★★☆☆☆

　　分布於南非至納米比亞，海拔 600 公尺～1000 公尺的乾燥地帶。只有「魔玉」一個種，1 屬 1 種的多肉植物。通常一年裡會長出 2～3 對泛白的多肉質葉片。冬天綻放黃色的花朵，持續生長的話的會形成群生株。

魔玉
Lapidaria margaretae

其模樣很像裂開的石頭，是長相十分獨特的種。生長速度緩慢，要形成大型群生株需要多年的時間。

生石花屬（石頭玉屬）
Lithops

DATA

科　　名	番杏科
原 產 地	南非、納米比亞等地
生 長 期	冬型
給　　水	秋～春季 2 週 1 次，夏季斷水
根　　粗	細根型
難 易 度	★★★★☆

　　是一屬被稱為「活寶石」的番杏科植物。經常發生個體變異，所以正確的種類數目無法確認。一對葉子和莖合體的奇妙模樣是其特徵，這是因為要防止動物啃食，保護自己而演化成的結果，這種偽裝成石頭的模樣被稱為擬態。頂部帶有花紋的葉窗，是吸收光線的地方。有紅色、綠色、黃色等色調和花紋。有很多種類在市面上流通，是收集性很高的一個屬。

　　生長期是秋季至春季的冬型，夏季休眠。性喜日光，所以請在日照充足和通風良好的場所進行管理。夏季要移至遮光的涼爽半日陰處實施斷水管理。雖然表面會失去光澤，但在秋天來臨之前不要給水。春季與入秋之際會長出新葉而脫皮。即使是冬季的生長期，若給水過多，容易造成腐爛，所以盡量保持稍微乾燥的狀態會比較好。

日輪玉
Lithops aucampiae

紅褐色的葉片上面有黑褐色的花紋。在生石花屬裡算是容易栽培。經常脫皮，植株很容易繁殖。會於秋季開出黃色的花朵。

格勞蒂娜
Lithops bromfieldii var. glaudinae

帶紅色的頂面，有著明顯凹陷的不規則裂縫。中型種，會長成 10 頭以上的群生株。屬於「柘榴玉」系，秋季時會開黃色花朵。

黃鳴弦玉
Lithops bromfieldii var. insularis 'Sulphurea'

鮮艷黃綠色的小型種，頂面有深褐色的花紋，比較容易群生。花是金黃色的，於初秋開花。

神笛玉
Lithops dinteri

原產於納米比亞的生石花屬，秋天會開鮮黃色的花朵。葉窗部分的紅色花紋是其特徵，擁有眾多形態各異的個體。

麗虹玉
Lithops dorotheae

灰綠或略帶紅色的顏色，頂面有深褐色的花紋，圓潤的葉片直立生長，容易群生。秋季會開黃色的花朵。

聖典玉
Lithops framesii

球狀的大型種，球體的側面是灰綠色，頂面有白色的網狀圖案，花為白色，在晚秋開花。容易群生，在生石花屬中屬於大型植株。

▌樂地玉
▌ *Lithops fulviceps* var. *lactinea*

微紋玉的變種，頂面平坦的扁平球狀，近乎圓形，交錯的細微斑點花紋是其特徵。會開深黃色的花朵。

▌雙眸玉
▌ *Lithops geyeri*

綠色系的生石花屬，頂面是深綠色的點狀花紋，會於秋季綻放白色花朵。不耐多濕環境，特別是在夏季，務必置於通風良好的地方。

▌巴里玉
▌ *Lithops hallii*

紅褐色的網狀花紋非常搶眼，會開白色的大型花朵。日照不足會縱向生長，破壞整體外形。

▌青磁玉
▌ *Lithops helmutii*

葉子為通透的亮綠色，容易群生，能長成大型植株。於晚秋綻放黃色花朵。

▌紅露美玉
▌ *Lithops hookeri* var. *marginata* 'Red Brown'

正如其名，全身都是紅褐色的生石花屬，葉窗
部分好像長了皺紋般，模樣十分有趣。秋天會
開黃色花朵。

▌福來玉
▌ *Lithops Julii* var. *fulleri*

葉窗部分有著如裂紋般的圖案，入秋時會開白
色的花。也有偏紅色的「紅福來玉」和茶色的
「茶福來玉」。

▌琥珀玉
▌ *Lithops karasmontana* ssp. *bella*

頂面帶著黃色，褐色線條紋路明顯的中型種。
常呈群生狀態，花為白色。「赤琥珀」是表皮紅
色的變種。

▌紋章玉
▌ *Lithops karasmontana* var. *tischeri*

「花紋玉」系裡的中型生石花屬。頂面平坦，
裂口較淺，葉片貼合，會形成 15 頭左右的群生
株。

▌朱唇玉
Lithops karasmontana 'Top Red'

鮮艷的紅色斑紋非常搶眼，是花紋玉的改良品種。頂面平坦，且形狀均勻美麗，花為白色。

▌紫勳
Lithops lesliei

很早以前就為人熟知，紅色調的扁平大型種，球徑可生長至 5cm 左右。頂面布滿黑褐色的細小斑紋。初秋會開黃色的花朵。

▌小型紫勳
Lithops lesliei

「紫勳」系的小型種，分頭的話，可長至 30 頭以上。顏色和「紫勳」一樣，葉窗是半透明，有著細小枝條的圖案，周圍被無數的點所包圍。

▌白花黃紫勳
Lithops lesliei 'Albinica'

擁有美麗綠色的一種紫勳品種。

寶留玉
Lithops lesliei var. *hornii*

「紫勳」系中的大型種，分頭的話，可長成 15
頭左右。裂口很淺，頂面平坦。

紫勳・金伯利
Lithops lesliei ʻKimberly formʼ

「紫勳」系有很多品種，可分成 6 大類。這個
品種是原生於金伯利（地名），葉窗上的細微
斑紋是其特徵。

紫褐紫勳
Lithops lesliei ʻRubrobrunneaʼ

深桃褐色的表皮，葉窗是半透明的暗灰綠色，
美麗的生石花屬。

紫勳・瓦倫頓
Lithops lesliei ʻWarrentonʼ

「紫勳」系裡有各種亞種和變種，這就是其中
一個。直徑可至 5cm 左右，開的是花徑約 3 ～
4cm 的黃色美麗花朵。

▌絢爛玉

Lithops marthae

表皮為黃綠色，頂面有點鼓起，比較與眾不同的生石花屬。花為黃色，有另一個別名是「春雷玉」。

▌紅橄欖

Lithops olivacea var. *neobrownii* ʹRed Oliveʹ

美麗的紅紫色外形，頗有人氣，葉窗部分花紋很少，帶著透明感，也有人稱之為「紅橄欖玉」。

▌紅大內玉

Lithops optica ʹRubraʹ

是原生於納米比亞的大內玉的變種。全身呈現透明的紅色，葉窗沒有花紋，花為白色，花瓣前端為粉紅色。

▌大津繪

Lithops otzeniana

擁有綠色到褐色的葉子，略帶圓形的葉窗部分有著大斑點花紋。秋天會開花徑 2cm 左右的小黃花。

麗春玉
Lithops peersii

「碧瑠璃」系裡的中型種，會長至 6〜8 頭。
頂面散佈著暗青綠色的透明斑點，沒有明顯的
葉窗。

瑞光玉
Lithops dendritica

葉窗部分有樹枝形狀的圖案。大多數的生石花
屬是在秋天開花，但是這個種大多是在春季至
夏季之間開花。

李夫人
Lithops salicola

灰綠色表皮的葉片直立生長，在生石花屬當中
屬於容易栽種。頂面有茶色圖案和黃色斑點，
於秋季綻放白色花朵。

紫李夫人
Lithops salicola 'Bacchus'

有另一個別名是「酒神」（Bacchus），通體呈
現美麗的紫紅色。特別是上面的透明葉窗，更
是賞心悅目，秋天會開出清新娟秀的白色花朵。

▎深窗玉
▎*Lithops salicola* 'Maculate'

「李夫人」系裡的中小型種，又被稱為「多紋李夫人」。葉子為倒圓錐形，很容易增生，會長成 50 頭以上的群生株。

▎碧朧玉
▎*Lithops schwantesii* var. *urikosensis*

灰褐色的生石花屬。頂面是扁平的圓形，帶著紅色圖案，花為黃色，又被稱為「招福玉」或「瑞玉」。

▎古列米
▎*Lithops schwantesii* var. *gulielmi*

頂面稍微扁平，帶著透明感的淡茶色表皮上面有著深茶色花紋很漂亮。被認為是招福玉的亞種。

▎碧瑠璃
▎*Lithops terricolor* 'Prince Albert form'

葉窗上有著細微斑紋的美麗品種，又被稱為「艾伯特王子」（Prince Albert）。一到秋天，會開出鮮艷的美麗黃色花朵。

風鈴玉屬
Ophthalmophyllum

DATA

科　　名	番杏科
原 產 地	南非
生 長 期	冬型
給　　水	秋～春季 2 週 1 次，夏季斷水
根　　粗	細根型
難 易 度	★★★★★

　　原生於南非開普省周圍，約有 20 個已知種，屬於小型的番杏科。單株由對生的葉片組成圓柱體，跟肉錐花屬非常相似。最近也有人認為其為肉錐花屬。葉片有綠色、紅色、粉紅等等顏色。葉片前端的透明大葉窗非常美麗，很受人歡迎，花也很漂亮，已培育出很多園藝品種。

　　性質和栽培方法和肉錐花屬大致相同。生長良好的話，會從對生的葉片中間長出2 株。很少分球，不容易形成群生。繁殖大多是利用實生法。

　　生長期是秋季至春季的冬型，夏天要斷水使其休眠。休眠時要避免陽光直射，在涼爽的日陰處進行管理。其耐寒性雖比耐熱性好，但冬天還是移至室內比較安全。盡量放在陽光直射的窗邊等場所，植株會長得比較健康漂亮。大多是秋天開花，在日間或夜間開花的都有。

▌風鈴玉
Ophthalmophyllum friedrichiae

已具有久遠栽種歷史，鮮艷的紅銅色非常引人注目。頂部稍微鼓起，有著大型葉窗。盛夏時要避免強烈日照。

▌小伍迪
Ophthalmophyllum littlewoodii

產生於南非的西北部。表皮是沒有夾雜紅色的美麗綠色，很有人氣。花為白色，不容易分頭。

青鈴
Ophthalmophyllum longm

有著透明葉窗，非常美麗。秋季至冬季會開白色至淡粉紅色的花。要控制給水量，即使是生長期，若給水量過多，會導致葉片裂開的狀況。

林迪
Ophthalmophyllum lydiae

原產於南非，有著美麗的綠色葉窗。原生種很難入手，市面上大多是交配種。照片這株推測也是交配種。

秀鈴玉
Ophthalmophyllum schlechteri

在秋季綻開淡粉紅色花朵。跟「風鈴玉」很相似，都有著透明的葉窗，栽種方法也雷同，夏季時要斷水休眠。

稚兒舞
Ophthalmophyllum verrucosum

淡茶色表皮上有暗茶色的斑點，葉窗部分帶有透明感。花是白色的，不太容易形成群生。

妖鬼屬
Odontophorus

DATA

科　　名	番杏科
原 產 地	南非
生 長 期	冬型
給　　水	春秋季 1 週 1 次，夏季斷水，冬季 1 週 1 次
根　　粗	細根型
難 易 度	★★☆☆☆

原產於南非西北部的納馬庫蘭，有 5～6 個原生種的小屬。日本人給它取了「妖鬼」、「騷鬼」、「笑鬼」、「歡鬼」等等有趣的名字。會開白色到黃色的花朵。夏季要斷水置於日陰處，冬季要置於室內日照良好的地方，溫度要維持攝氏 5 度以上。

▌騷鬼
Odontophorus angustifolius

是妖鬼屬的基本種，邊緣長著鋸齒的葉片向左右展開。容易橫向蔓延，常呈群生狀態，會開出美麗的黃色花朵。

琴爪菊屬
Oscularia

DATA

科　　名	番杏科
原 產 地	南非
生 長 期	冬型
給　　水	秋～春季 1 週 1 次，夏季 1 個月 2 次
根　　粗	細根型
難 易 度	★☆☆☆☆

原產於南非的開普半島，只有幾個種的小屬。因為體質強健，花也很漂亮，「白鳳菊」和「琴爪菊」（*Oscularia caulescens*）這一類，很早之前就有人栽種。莖會向上生長形成灌木狀。雖是屬於冬型，但是也耐暑熱，所以有時也會被歸為夏型。

▌白鳳菊
Oscularia pedunculata

好像覆蓋一層白粉的肥厚葉片，十分漂亮，是賞花型女仙的家族成員。春季會開粉紅色的美麗花朵，莖很容易延伸，所以要透過摘芯，讓側枝能生長良好。

帝玉屬
Pleiospilos

DATA

科　　名	番杏科
原 產 地	南非
生 長 期	冬型
給　　水	秋～春季2週1次，夏季斷水
根　　粗	細根型
難 易 度	★★★★★

　　圓滾滾的葉子帶著斑點花紋，屬於玉型番杏科植物。要讓葉子的形狀肥厚飽滿，春天和秋天的生長期有充份的日照是重要關鍵。這段期間若日照不足，生長就會停止，花也會開不好。夏季的時候要移至通風良好的涼爽場所，並進行斷水管理。

明玉
Pleiospilos hilmari

淡紅色表皮帶著深綠色斑點的小型種，葉片的長度約3cm，開的是黃色大型花朵。從4月左右開始要逐步控制給水量，準備越夏。

帝玉
Pleiospilos nelii 'Teigyoku'

玉型番杏科裡比較大型的種，直徑可達5cm左右，外形宛如石頭一般。耐熱性和耐寒性較強，冬季在戶外也能生長。日照要盡量充足是栽培的重點。

紅帝玉
Pleiospilos nelii var. rubra

「帝玉」的紅葉變種，也有人稱之為「紫帝玉」，花也是紫色的，相當漂亮。比基本種的「帝玉」較不容易培育。

花錦屬
Nananthus

DATA

科　　名	番杏科
原 產 地	南非
生 長 期	冬型
給　　水	秋～春季 2 週 1 次，夏季 1 個月 1 次
根　　粗	細根型
難 易 度	★★☆☆☆

　　原生於南非中央地區，包含約 10 個種的小屬。長著三角形的多肉質葉片，會開白色、黃色，或是黃色帶著紅色中肋的花朵。地下長著塊根性的粗大莖部，長年栽培的話，會長得如塊根植物般壯觀。

蘆薈晝花
Nananthus aloides

原產於南非中央地區，莖的基部形成粗大塊莖，會長成寬度約 12cm 的群生株，冬季綻放黃色花朵。生長緩慢，照片這株約 15 年。

紫晃星屬
Trichodiadema

DATA

科　　名	番杏科
原 產 地	南非
生 長 期	冬型
給　　水	秋～春季 2 週 1 次，夏季 1 個月 1 次
根　　粗	細根型
難 易 度	★★☆☆☆

　　其在南非的分布區域廣大，包含約 50 個種的大屬。小型葉片，前端長著細刺。花有紅、白、黃等多種顏色。長年栽種的話，根莖會增大的一種塊根植物，會長成獨具風格的植株。非常耐寒，冬天可在戶外栽培。

紫晃星
Trichodiadema densum

會開美麗的粉紅花，長年栽種的話，植株基部肥大，形成塊根狀。耐寒性較強，日本關東以西，即使在冬天，也可以在戶外栽培。

PART 4

景天科

多肉植物很具代表性的一科，全世界各地約有 1,400 個已知種。雖然包含很多屬，但是以短莖，多肉質葉片呈蓮座狀排列的石蓮花和卷絹等屬比較有人氣。球狀葉片的景天、月美人等屬也很受歡迎，體質強健容易繁殖，經常用來做為組合盆栽的材料。

天錦章屬
Adromischus

DATA

科　　名	景天科
原 產 地	南非
生 長 期	春秋型
給　　水	春秋 1 週 1 次，夏冬 3 週 1 次
根　　粗	細根型
難 易 度	★★☆☆☆

　　原產於南非，約有 30 個種為人所知，奇妙的造型和個性化的模樣充滿魅力。經常發生變異，所以有很多變種，種類豐富，收集性很高，因此受到玩家的歡迎。高度約 10cm 的小型種居多，生長有點慢，花不是很起眼，葉子的花紋和色調會因為栽培環境產生變化。

　　強健種很多，若置於日照和通風良好的環境進行管理，會比較容易栽培。生長期是春季和秋季，夏季休眠。

　　夏季要注意避免陽光直射，盛夏時要在遮光 20 ～ 30% 的半日陰處栽培，並控制給水量。放在室內的話，建議放在有蕾絲窗簾隔著的窗邊。相當耐寒，在日本關東以西，冬天可以在戶外栽培。

　　利用扦插法或葉插法就能成功繁殖，最佳時機點為初秋。換土適合的季節也是在初秋。

▌大葉天錦章／錦鈴殿
Adromischus cooperi

鼓起的肥厚葉片，前端為波浪狀。葉片上帶著紅色斑點是其特徵。除了基本種之外，也有植株低矮，有著圓滾滾葉片的品種，另外也有葉色偏白的品種。

▌達磨天錦章
Adromischus cooperi f. compactum

大葉天錦章的極短圓葉型。

達磨神想曲
Adromischus cristatus var. *schonlandii*

長著卵形或棍棒狀的多肉質葉片，春季到秋季為主要生長期，不耐暑熱，所以要特別注意夏季的管理。

世喜天章
Adromischus cristatus var. *zeyheri*

「天章」（*Adromischus cristatus*）的變種，但是葉片較薄，葉片前端為波浪狀。體質強健，容易栽培。

天章（永樂）
Adromischus cristatus

鮮艷綠色的斧狀葉片向外展開，葉片上沒有斑點，葉片前端為波浪狀。持續生長的話，莖上面會長出纖細的毛狀氣根。

菲利考利斯
Adromischus filicaulis

尖頭的棒狀葉片上面帶著紅褐色的斑紋，葉片有銀灰色或綠色等不同的顏色，種類變化豐富，顏色醒目的斑紋非常美麗。

▌菲利考利斯
▌*Adromischus filicaulis*

菲利考利斯的其中一種，白色葉片帶著如芝麻般的黑色斑點是其特徵。

▌松蟲
▌*Adromischus hemisphaericus*

莖的下部呈現塊根狀，長著許多膨脹鼓起的圓形葉片。綠色葉子上面帶著天錦章屬特有的斑紋。

▌雪御所
▌*Adromischus leucophyllus*

覆蓋一層白粉的葉子充滿魅力，白粉會因為碰觸或澆水而剝落，要特別小心。新芽是紅色的，上面沒有白粉。夏天要讓它休眠。

▌御所錦
▌*Adromischus maculatus*

顏色醒目的斑紋非常美麗，比較薄的圓形葉片是其特徵。斑紋較小，色調較深的被稱為「黑葉御所錦」。

瑪麗安
Adromischus marianae

瑪麗安經常發生變異，照片這株是代表性的品種。葉子上的斑紋非常美麗，所以很有人氣。初夏時，花莖會伸長，開出白色的花朵。

依蕾／苦瓜
Adromischus marianae var. *herrei*

表面有許多小小疣狀突起的多肉質葉片，葉片長度約 5cm，模樣奇妙有趣，有幾個不同的品種。秋到春季是生長期，夏天要斷水。

綠之卵
Adromischus marianae var. *immaculatus*

瑪麗安的變種，葉片前端是茶色，葉表沒有凹凸不平是其特徵。

銀之卵
Adromischus marianae 'Alveolatus'

葉表有凹凸不平，好像包裹一層絨毛的卵形硬質葉片，上面有些微溝狀凹陷。秋天到春天是生長期，生長緩慢，很難照料。

▍布萊恩馬欽
Adromischus marianae 'Bryan Makin'

由英國人 Bryan Makin 所培育出來的園藝品種，
倒三角形的肥厚葉片是其主要特徵。

▍熊第安
Adromischus schuldtianus

跟瑪麗安一樣有很多不同類型的品種。莖不會
伸長，葉片也不是很厚，會從植株基部長出子
株形成群生。

▍崔弟
Adromischus trigynus

其特徵是白色葉片上帶著褐色斑點，跟瑪麗安
有相似之處，但其葉片較薄，也比較寬。

▍S 盃
Adromischus 'Escup'

莖可直立生長至大約 20cm 高，之後會傾倒長
出分枝，形成群生。在天錦章屬當中，屬於栽
種容易的強健品種。

艷姿屬
Aeonium

DATA

科　　名	景天科
原 產 地	加那利群島、北非等地
生 長 期	冬型
給　　水	秋～春季1週1次，夏季1個月1次
根　　粗	細根型
難 易 度	★★☆☆☆

　　葉片緊密重疊排列成蓮座狀是其特徵。冬天要置於日照良好的窗邊，夏天要放在室外通風良好的涼爽場所，並控制給水量。很多都是莖部木質化，外觀如樹形的木立性種類，有的可栽培成大型植株。冬季日照不足會有徒長現象，徒長的植株可以透過扦插法修整再生。

黑法師
Aeonium arboreum 'Atropurpureum'

閃耀著光澤的黑色葉片，在艷姿屬裡非常有人氣，可長至1公尺左右的大植株，於春天開黃色的花朵。最好置於日照充足的涼爽之處進行管理。

艷日傘
Aeonium arboreum 'Luteovariegatum'

它是 *Aeonium arboretum* 的斑葉品種，帶著淡黃色的覆輪斑，有時會返祖變回原始綠色葉子的模樣。中型品種，可長高至50cm左右。

斑黑法師
Aeonium arboreum var. *rubrolineatum*

深紫色的葉片上長著美麗斑紋，這些是自然斑，不是突然變異產生的斑紋。隨著生長，莖會持續向上直立成長。

▌山地玫瑰
Aeonium aureum

葉片緊密重疊如含苞待放的玫瑰是其特徵。不耐夏季的日照和暑熱，所以要在涼爽的場所進行管理。原本是山地玫瑰屬（*Greenovia*），1995 年歸類至艷姿屬。

▌笹之露
Aeonium dodrantale

夏季期間葉片會閉合休眠，入秋之後葉片會展開，容易生長很多側芽，可切下來繁殖。原本是山地玫瑰屬（*Greenovia*），1995 年歸類至艷姿屬。

▌光源氏
Aeonium percarneum

被白粉包覆的粉紅色葉片非常美麗。隨著生長，莖幹向上伸長，長得像小樹一般。會開很多粉紅色的小花。

▌桑德西
Aeonium saundersii

葉片排列如蓮座狀，如花朵般綻放在枝頭上。夏季休眠期，葉片會收縮閉合成球狀。

▍小人之祭
Aeonium sedifolium

植株上長了許多長度約 1cm 的多肉質葉片，分枝群生成叢生狀的葉叢。葉子在紅葉期會染上橘色。冬天要移至室內較明亮的地方進行管理。

▍明鏡
Aeonium tabuliforme

長著細微絨毛的複數葉片緊密重疊，形狀像圓盤一樣擴展開來，形狀很特別的艷姿屬。植株低矮，持續生長可長至直徑 30cm 左右。

▍曝日
Aeonium urbicum 'Variegatum'

綠葉邊緣鑲著鮮明黃色錦斑的大型品種。春季和秋季的生長期間，葉片會轉紅，變得更加美麗。持續生長的話，會於夏季開淺乳白色的花朵。

▍紫羊絨
Aeonium 'Velour'

是「黑法師」和「香爐盤」的交配種，能耐暑熱，容易栽種。會從植株基部長出很多子株，冬季時可以用芽插法繁殖。有另一個別名是 *Aeonium* 'Cashmere Violet'。

銀波錦屬
Cotyledon

DATA

科 名	景天科
原產地	南非
生長期	夏型
給 水	春～秋季 1 週 1 次，冬季 1 個月 1 次
根 粗	細根型
難易度	★★★☆☆

　　原產地以南非南部為主，約有 20 個已知種。肥厚的葉片很有個性，有的冬天會變色，有的表面覆蓋白粉，有的長了細毛，還有帶光澤感等等各式各樣的葉子。至今也培育了不少園藝品種。大多數莖幹會伸長，呈樹狀生長，莖的基部會木質化。

　　屬於夏型，所以生長期是春季～秋季。基本上喜歡日照和通風良好的場所，盛夏時要避免陽光直射，置於半日陰處管理較佳。葉子表面有白粉的類型，請注意不要對著葉子直接澆水。

　　要培育強健的植株，建議在戶外栽培，但是寒冬時要移至日照良好的室內。冬季休眠時要控制給水量，但不需斷水，當葉子失去彈性就要給水。

　　繁殖不適合用葉插法，建議在初春時用扦插法繁殖。若植株整體形狀偏斜，就要進行修剪，將剪下來的枝條做為插穗。

熊童子
Cotyledon ladismithiensis

其主要特徵就是如熊掌般的肥厚葉片。這可能是被細毛包覆的圓滾滾葉片，加上前端小小的紅色爪子所給人的印象。不喜歡高溫多濕，所以夏季管理時要特別留意。

熊童子錦
Cotyledon ladismithiensis f. variegata

同樣有著如熊掌般的肥厚葉片，是「熊童子」的錦斑品種。雖然是夏型，但是不耐高溫多濕，所以夏季管理時要特別留意。

子貓之爪
Cotyledon ladismithiensis cv.

是熊童子類的種,雖然長得很相似,但是前端突起較少,葉子也比較細長,因此被取為「子貓之爪」。盛夏和冬季時都要控制給水量,才能生長良好。

福娘
Cotyledon orbiculata var. *oophylla*

表面抹了白粉的紡錘狀葉片,配上鮮紅色的前緣。初夏至秋季,花莖會伸長,開的是吊鐘形的橘色花朵。

嫁入娘
Cotyledon orbiculata cv.

葉子表面有一層白粉,泛白的葉片是其特徵,是 *Cotyledon orbiculata* 的園藝品種。葉緣像是被紅筆描過般鑲上了紅邊,到了紅葉期,整個葉片會轉成紅色。

白眉
Cotyledon orbiculata cv.

是 *Cotyledon orbiculata* 數個園藝品種之一,特色是白色的大片葉子,葉緣為紅色的美麗品種。

旭波錦
Cotyledon orbiculata 'Kyokuhanishiki' f. variegata

葉緣呈現波浪狀的是旭波，波浪狀不明顯的是「旭波錦」，本品種是後者的錦斑品種。也有人用「旭波之光」這個名稱。

巴比
Cotyledon papillaris

表面有光澤的橢圓形葉子，前端鑲著紅邊。植株不會長得很高，若形成群生株，很多紅色花朵同時綻放，會非常好看。花期為春季至初夏。

銀之鈴
Cotyledon pendens

圓滾滾葉片，模樣可愛，莖會匍匐延伸，開出紅色大花。夏季要避免強烈陽光照射，在半日陰處進行管理。

銀波錦
Cotyledon undulata

扇形葉片前端有著如波浪起伏的皺摺，十分美麗。葉子表面覆蓋了一層白粉。請注意盡量不要直接對著葉片澆水。

青鎖龍屬
Crassula

DATA

科　　名	景天科
原 產 地	非洲南部～東部
生 長 期	夏型、冬型、春秋型
給　　水	生長期1～2週1次，休眠期要控制給水量
根　　粗	細根型
難 易 度	★★☆☆☆

　　以南非南部為中心，約有500個為人所知的種，是一個富含魅力的多肉植物大家族。其屬名代表「肥厚」的意思，所以大部分都有著肉質的葉片。模樣變化多端，各異其趣，市面上已推出各式各樣的種類，其中有些外形甚至不像植物。

　　青鎖龍屬的生長期因種而異，要特別留心。有夏型種、冬型種還有春秋型種。大型種偏向夏型，小型種則比較多屬於冬型。

　　原則上必須栽種在通風和日照良好的場所。特別是在夏季休眠的冬型和春秋型，不耐夏天的高溫多濕，也必須避免陽光直射，最好放在通風良好，明亮的日陰處渡過夏天。雖然夏型種放在屋外淋雨也沒關係，但是像「神刀」或「呂千繪」等等表面有白粉的品種，淋雨會導致髒污或腐爛，所以給水時盡量不要直接澆淋葉片。

▌火祭
Crassula americana 'Flame'

前端呈尖狀的紅色葉片看起來好像火焰一般，氣溫降低時會變得更紅。為了欣賞美麗的紅葉，必須控制水分和肥料，同時要維持良好的日照。

▌克拉法
Crassula clavata

原產於南非的小型種，肥厚的紅色葉片是其特徵，日照不足會轉為綠色，冬季較寒冷時，保持略為乾燥的狀態，能維持較佳的葉色。

▌小銀箭
▌*Crassula ernestii*

長滿無數小葉子的青鎖龍屬，生長期為春季至秋季，容易群生。日照充足的話，冬季的乾燥期就能欣賞到美麗的紅葉，春季會開白色小花。

▌神刀
▌*Crassula falcata*

刀型葉片、左右交錯生長的青鎖龍屬。養至成株會從側邊長出子株。耐寒性較低，冬季要在日照良好的室內進行管理。

▌巴
▌*Crassula hemisphaerica*

植株不會長太高，如玫瑰花瓣般的青鎖龍屬。反折的葉片呈放射狀擴展開來。整體直徑為4～5cm的小型種，生長期是秋季至春季的冬型。

▌銀盃
▌*Crassula hirsuta*

具有許多棒狀的柔軟葉片，從秋季至冬季會染上紅色，夏季的管理要置於通風良好的場所，並保持稍微乾燥。冬季要在室內，並維持在攝氏5度以上。

若綠
Crassula lycopodioides var. *pseuddycodioides*

其特徵是小葉片緊密重疊如繩索狀,屬夏型種。日照不足會導致徒長現象,致使枝條垂落。春季到夏季進行摘芯,使其長出側芽,會長得比較繁盛茂密。

銀箭
Crassula mesembryanthoides

植株外形不同於其它青鎖龍屬,形狀如香蕉般的鮮綠色葉片上密生著白色細毛,體質強健,容易栽種。

小天狗
Crassula nudicaulis var. *herrei*

多肉質葉片兩兩對生,天氣寒冷時葉片會染紅。夏天要避免陽光直射,並保持略為乾燥的狀態,冬季要避免凍傷。

蔓蓮華
Crassula orbiculata

呈蓮座狀排列的鮮綠葉片是其特色。從植株基部會長出很多走莖,發育成子株,將子株移植就能繁殖。

▌藍鳥
▌*Crassula ovata* 'Blue Bird'

翡翠木（又稱發財樹）有很多園藝品種，照片
這株便是其中一種。屬於夏型的青鎖龍屬，容
易養植的強健品種。

▌黃金花月
▌*Crassula ovata* 'Ougon Kagetu'

是花月（翡翠木，*Crassula ovata*）的一個園
藝品種，冬季時葉子會轉成黃色，彷彿長了滿
樹的金幣。

▌筒葉花月
▌*Crassula ovata* 'Gollum'

常見的翡翠木的一個變異品種，有另一個別名
是「宇宙之木」。以夏型種的方式管理，冬季
要在室內進行照料。

▌佩如西打
▌*Crassula pellucida* var. *marginalis*

整株長出許多約 10cm 高的莖，莖上面長著
5mm 左右的小葉片，形成灌木狀。要避免夏季
的高溫。

星乙女
Crassula perforata

三角形的葉片對生排列如星形。春秋型種,冬季的乾燥期葉片會轉紅,不喜夏季多濕,要避免淋雨,並保持通風良好。可用扦插法繁殖。

南十字星
Crassula perforate f. variegata

小型三角葉片連綴般縱向延伸生長,因為不容易分枝,可以透過扦插繁殖,使其群生。春秋型種,盛夏時要置於半日陰處管理。

夢椿
Crassula pubescens

密生細毛的棒狀葉片,在春、秋季的生長期會轉成綠色,夏季和冬季的休眠期會變成紫紅色,非常美麗。

紅稚兒
Crassula radicans

莖部會木質化的小型種,生長期是春至秋季的夏型,長著許多略帶圓形的小型葉片,到了秋天會轉成火紅色,開出可愛的白色花朵。

小圓刀錦
Crassula rogersii f. variegata

圓圓的肉質葉片是其特徵，跟 *Crassula atropurpurea* 非常不一樣。照片這株是錦斑品種。

稚兒星錦
Crassula rupestris 'Pastel'

小型葉片相互重疊往上延伸的小型種。產於日本，「稚兒星」的錦斑品種，還有其它幾個相似類型的品種。

錦乙女
Crassula sarmentosa

綠色葉片鑲著黃色斑紋的青鎖龍屬。葉片邊緣帶著細細的鋸齒狀，進入紅葉期時會帶著淡淡的粉紅色。不耐寒，冬季要在室內進行管理。

小夜衣
Crassula tecta

多肉質葉片從植株基部長出的冬型青鎖龍屬。葉片上長著許多細小的白色斑點，十分美麗。非常不耐夏季高溫，要特別注意。

玉椿
Crassula teres

直徑約 1cm，往上延伸生長的棒狀植株，冬天會開出白色花朵，葉片如鱗片般緊密包覆植株。夏季的管理要避免陽光直射，保持略為乾燥的狀態。

桃源鄉
Crassula tetragona

擁有細長葉子的木立性夏型種，體質強健，容易栽培。日照不足容易發生徒長現象，葉色也不會漂亮，務必要注意。

佛塔
Crassula 'Buddha's Temple'

「神刀」和「綠塔」的交配種，葉片緊密重疊往上生長，形成獨特的塔狀。生長期是春季至秋季。春季會從植株基部長出很多子株。

象牙塔
Crassula 'Ivory Pagoda'

覆蓋白色細毛的葉片重疊交錯生長，是青鎖龍屬的園藝品種。不耐暑熱和潮濕，夏季時要特別注意水分的控制，並保持通風良好。

仙女盃屬
Dudleya

DATA

科　　名	景天科
原 產 地	中美洲
生 長 期	冬型
給　　水	春～秋季2週1次，冬季1個月1次
根　　粗	細根型
難 易 度	★★☆☆☆

　　分布區域從加利福尼亞半島到墨西哥一帶，約有40個原生種的多肉植物。比較受歡迎的是葉片呈蓮座狀排列的種，表面覆蓋白粉如地墊般的質感，充滿著魅力。由於原生地是極度乾燥地帶，不耐高溫多濕，要特別注意環境的通風條件。

▌折鶴
Dudleya attenuata ssp. orcutii

莖很短，會長出很多分枝，由分枝前端長出棒狀葉子的小型種。表面的白粉不會很厚，開的是黃色花朵，照片這株約5cm寬。

▌仙女盃
Dudleya brittoni

仙女盃屬的代表種，屬於大型種。種植較久的植株，短莖會直立向上伸長，花是黃色，被稱為是這世界上最白的植物。照片這株約30cm寬。

▌葛諾瑪
Dudleya gnoma

原產於加利福尼亞半島，被白粉包覆的美麗多肉植物。請避免用手觸摸，或用水澆淋葉片，以免造成白粉剝落。

帕奇菲拉
Dudleya pachyphytum

肥厚葉子沾附著白粉的中型種。喜歡強烈陽光，建議在室外栽培。不要對著葉片直接澆水，一年到頭都要在日照良好的場所管理。

雪山
Dudleya pulverulenta

沒有莖，會長至寬度約 50cm 的大型種（照片這株約 30cm）。與仙女盃（上一頁）相比，葉片較寬、較薄，同樣也覆蓋了很多白粉，花是黃色。

維思辛達
Dudleya viscida

原產地在加利福尼亞州的卡爾斯巴德（Carlsbad）。葉片有黏性，可以捕捉小型昆蟲做為肥料，也算是一種食蟲植物。照片這株約 15m 寬。

維利達斯
Dudleya viridas

雖然也有人稱它為「綠仙女盃」，但是跟仙女盃為不同種。可能是在原生地的同個地方，同時有白色植株和非白色植株，因此被錯認為同個種。照片這株約 20cm 寬。

石蓮屬
Echeveria

DATA

科 名	景天科
原 產 地	中美洲
生 長 期	春秋型
給 水	春秋 1 週 1 次，夏季 3 週 1 次，冬季 1 個月 1 次
根 粗	細根型
難 易 度	★★☆☆☆

　　葉片如玫瑰花般展開排列，原產地以墨西哥為主，約有 100 種以上的原生種。種類繁多，從直徑 3cm 左右的小型種，到直徑 40cm 的大型種都有。葉色也有綠、紅、黑、白、青色等等不同的變化。此外還有會隨著季節開花，或秋季時葉片會變色的種，很具有觀賞性。葉子的形狀和顏色變異很多，市面上也推出許多交配種和園藝品種。

　　石蓮屬的生長期是春季和秋季，必須確保充足的日照和通風。建議在戶外栽培。因品種的差異，有的不耐夏季高溫，有的則不耐冬季低溫，所以要特別注意夏季及冬季的管理。要在適當的環境下，葉片才會排列密實，形狀漂亮。

　　整體而言生命力旺盛，最好每一年初春時能移植至大一點的盆器。也可以用葉插法或扦插法，很容易就能繁殖增生。

古紫
Echeveria affinis

深紫紅色的葉片為其特徵，外形優雅美麗的品種。有充足日照時，葉色會加深。花莖伸長至 15cm 左右，會開深紅色花朵。照片這株約 8cm 寬。因為不耐夏季暑熱，請留心注意。

吉爾法
Echeveria agavoides 'Gilva'

是東雲（*E. agavoides*）和月影（*E. elegans*）的雜交品種，有很多不同的型態變化。冬季葉片會染上紅色，非常美麗。

相生傘
Echeveria agavoides ʻProliferaʼ

很早之前就有人栽培，在東雲系列裡，屬於葉子較細，紅葉也沒那麼鮮艷的品種，但因為是很多品種的交配親本，所以很有名氣。照片這株寬度約 20cm。

紅邊
Echeveria agavoides ʻRed Edgeʼ

在以前，曾被稱為「口紅」，尖銳的葉片前端是其特徵，冬季時葉片邊緣會變黑，頗具視覺張力。能耐寒冷的大型品種，照片這株約 30cm 寬。

羅密歐
Echeveria agavoides ʻRomeoʼ

在德國利用「魅惑之宵」的實生苗培育出來的美麗品種，之前曾經用「Red Ebony」這個名稱在市面上流通，但是現在該名稱已無效。照片這株約 15cm 寬。

鯱
Echeveria agavoides f. *cristata*

東雲（*E. agavoides*）的綴化品種。產生綴化時，葉子會變小，植株也變得低矮，若綴化還原，就會長回原來的大小。照片這株約 15cm 寬。

魅惑之宵
Echeveria agavoides 'Corderoyi'

東雲的變種，其特徵是葉片帶著紅色尖端。161頁的羅密歐便是本種的實生突然變異所產生的品種。

花乃井 Lau065
Echeveria amoena 'Lau 065'

相較於基本種的花乃井（*E. amoena*），葉子是青磁色且無莖，經常增生出子株，變成漂亮的群生株。照片這株約 10cm 左右。

花乃井‧佩羅特
Echeveria amoena 'Perote'

原產於墨西哥的佩羅特。莖稍微長一點，比「Lau 065」小型的品種。單株寬度約 2cm 左右。

康特
Echeveria cante

被稱為「石蓮屬女王」的種。持續生長的話，蓮座狀葉盤可長至直徑 30cm 左右，屬大型種。葉片被白粉覆蓋，葉緣是紅色，秋季到冬季期間，紅色會加深。

銀明色
Echeveria carnicolor

市面上較常見的是茶色的「銀明色」，若是如其名有著銀色葉片的銀明色就非常美麗。沒有莖，植株扁平，於冬季開花。照片這株約 4cm 寬。

祕魯安卡什
Echeveria chiclensis 'Ancach Peru'

原產於秘魯的小型石蓮屬，有綠色的葉片及青色的葉片，照片這株是青色葉片，寬度約 7cm。無莖，會生出子株形成群生。

吉娃娃
Echeveria chihuahuaensis

黃綠色的肥厚葉片帶著白粉，葉尖染了些許粉紅的中型種，花是橘色。照片這株生長點位於植株中央，株形端正，寬度約 8cm。

唇炎之宵
Echeveria chihuahuaensis 'Ruby Blush'

跟吉娃娃一樣，生長點位於植株中央，株形端正漂亮。比較小型，葉尖比較大，偏紅色。照片這株寬度約 5cm。

歌西尼亞（綴化）
Echeveria coccinea f. cristata

很早之前就經常在市面上看見的歌西尼亞的綴
化品種，葉子上有短毛。因為是高山性植物，
不耐暑熱，要特別注意。照片這株約 15cm 寬。

卡蘿拉
Echeveria colorata

石蓮屬的中型種代表，有很多不同的型態。照
片這株是標準型，寬度約 20cm。植株外形端正，
成為很多交配種的親本。

卡蘿拉・布蘭蒂
Echeveria colorata var. brandtii

卡蘿拉的變種，其特徵是比基本種稍微小一點，
葉片較細。到了冬天，葉片會轉為美麗的紅色。
照片這株約 15cm 寬。

卡蘿拉・林賽
Echeveria colorata ‘Lindsayana’

卡蘿拉的優形種。「Mexican Society」雜誌曾
在 1992 年發表了很漂亮的幼苗照片，其後代應
該就是真正的林賽。照片這株約 15cm 寬。

卡蘿拉‧塔帕勒帕
Echeveria colorata 'Tapalpa'

卡蘿拉的小型變種，其特徵是比較白，葉片比較密實。花跟基本種一樣，但花稍微小一點。照片這株約 10cm 寬。

克萊吉亞娜
Echeveria craigiana

這個品種有幾個不同的型態，照片這株是顏色漂亮，被稱為「wonderfully colored」的優形種。生長緩慢，葉質柔軟。照片這株約 10cm 寬。

酷思比
Echeveria cuspidata

中型的白色石蓮屬。其特徵是葉尖變紅之後就會轉黑，體質強健容易栽種，多花性所以很容易做為交配種使用。

黑爪
Echeveria cuspidata var. *zaragozae*

酷思比的變種，小型的石蓮屬人氣品種。學名有的會寫成「Zaragosa」，但正確的是「Zaragosae」。照片這株寬度約 6cm。

靜夜
Echeveria derenbergii

小型石蓮屬的代表種,是許多優形交配種的交配親本。寬度約 6cm,會生出很多子株形成群生,初春時會綻放橘色的花朵。

蒂凡尼
Echeveria diffractens

小型的石蓮屬,蓮座狀葉盤約 5cm 寬。莖不會伸長,會開很多花。之前學名是「*Echeveria difragans*」。

月影
Echeveria elegans

石蓮屬小型種的代表,寬度約 7cm。成為許多優形種的交配親本。即使到了冬天,葉片也不會變色是其特徵,葉緣半透明相當漂亮。

厚葉月影
Echeveria elegans 'Albicans'

月影的優形品種,葉片較厚,前端稍微會變紅。會長出子株形成群生株。

▌月影・艾爾奇科
▌*Echeveria elegans* 'Elchico'

原產於墨西哥的艾爾奇科是月影新品種。葉尖
和葉緣有紅暈，是月影沒有的特徵。植株寬度
約 6cm。

▌月影・拉巴斯
▌*Echeveria elegans* 'La Paz'

原產於墨西哥的拉巴斯是月影實生苗。在原產
地，跟 169 頁的海琳娜被視為相同品種。比較
大型，葉片較多，可長至約 8cm 寬。

▌月影・托蘭多戈
▌*Echeveria elegans* 'Tolantongo'

原產於墨西哥的托蘭多戈的新品種，跟其它的
月影有點不太一樣的感覺。照片這株約 5cm 寬，
尚未至開花階段。

▌黑夜
▌*Echeveria eurychlamys* 'Peru'

原產於秘魯的石蓮屬，顏色是很有個性的紫色，
跟墨西哥產的石蓮屬給人的感覺有點不一樣。
寬度約 7cm 左右。

寒鳥巢錦
Echeveria fasciculate f.variegata

從很早之前就存在，謎樣的石蓮屬，照片這株
是錦斑品種。不耐夏季暑熱，栽培者需要相當
高超的栽培技巧，費心照料。

修米利斯
Echeveria humilis

小型紫色系的優良種。因產地的不同，而有各
式各樣的型態，照片這株是產自墨西哥的錫馬
潘（Zimapan）。不耐熱，所以夏季保持涼爽是
很重要的。寬度約 7cm。

帕米拉
Echeveria glauca var. *pumila*

能做為庭院的地被植物，體質強健而美麗的石
蓮屬，寬度約 10cm。被認為是 175 頁七福神的
近緣種。

綠牡丹
Echeveria globulosa

超級難栽培的種。高山性的石蓮屬，不耐暑
熱，日本關東以西很難渡過夏季。照片這株約
5cm 寬。

海琳娜
Echeveria hyaliana (Echeveria elegans)

在「The genus Echeveria」刊載的海琳娜葉數較少，沒那麼精緻的感覺。在日本流通的是照片這種型態的，寬度約 5cm，小巧玲瓏。

雪蓮
Echeveria laui

若將「康特」比喻為白色石蓮屬的帝王的話，那雪蓮就是女王了。雖有許多交配種被培育出來，但是超越原種的，至今尚未出現，寬度約 10cm 左右。

白兔耳
Echeveria leucotricha 'Frosty'

其特徵是葉片前端為茶色，跟 173 頁的雪錦晃星（*E. pulvinata 'Frosty'*）很相似，但是這個品種比較大型。照片這株約 10cm 寬。

麗娜蓮
Echeveria lilacina

直徑約 20cm，表面帶著白粉，十分美麗。在日本，還有リラシナ（LI-LA-SI-NA）、ライラシナ（LA-I-LA-SI-NA）等等的念法，學名（拉丁語）用羅馬拼音來念，名字較不好念。

利翁西
Echeveria lyonsii

2007 年被承認的新種，非常珍貴。照片這株原產於墨西哥的拉巴斯，寬度約 10cm，生長期時葉緣會轉成綠色。

紅稚兒
Echeveria macdougallii

木立性的小型石蓮屬，寬度約 2cm，高度約 15cm 左右。到了冬天葉片會轉紅，相當可愛的感覺。

迷你馬
Echeveria minima

小型石蓮屬的代表品種，廣被全世界用來做為小型品種的交配親本。葉色或葉尖顏色不一樣的，應該都是交配種。

摩拉尼
Echeveria moranii

葉緣鑲著紅邊是其特徵。若用它做為交配親本，其後代應該也會遺傳到這個特徵。寬度約 6cm，會形成群生。屬於高山性，不耐暑熱，所以要特別小心。

紅司
Echeveria nodulosa

木立性的石蓮屬，會長至寬度約 5cm，高度約
15cm。已知有幾個變種，照片這株是標準型。
屬於高山性，所以不耐暑熱。

紅司錦
Echeveria nodulosa f. variegata

「紅司」的黃斑品種。繁殖增生困難，很少見到
幼苗。照片這株約 8cm 寬，夏季要在涼爽的場
所，進行遮光管理。

霜之鶴雜交種
Echeveria pallida hyb.

霜之鶴（*Echeveria pallida*）體質強健，生長
快速，花粉很多的關係，被拿來做為「白鳳」等
品種的交配親本，本品種也是其中一個交配種。
莖若伸長就不耐寒冷，是栽培的困難點。寬度
約 20cm。

養老
Echeveria peacockii

養老的基本種。寬寬的青磁色葉片是其特徵，
一年到頭葉子都不會變色。照片這株約 10cm
寬。

▌老樂
Echeveria peacockii cv. Subsessilis

擁有圓弧形薄葉片，屬於大型種，養老的變種。
照片這株約 15cm 寬，葉緣帶著淡淡的粉紅色。

▌老樂錦
Echeveria peacockii cv. Subsessilis f. variegata

老樂帶有黃覆輪斑的品種。無法用葉插法繁殖，
所以幼苗數目不多。不耐熱，所以夏季管理時
要特別注意。寬度約 6cm。

▌清秀佳人
Echeveria peacockii 'Good Looker'

原產於墨西哥的普埃布拉（Puebla），養老的
優形種。較為小巧玲瓏，但是葉幅較寬較厚，
比較緊密結實的感覺。

▌花麗
Echeveria pulidonis

石蓮屬裡最常被用來做為交配親本，因此很有
名。株型小巧可愛，加上鑲了紅邊的葉片，經
常都能配出優良的後代。寬度約 8cm 左右。

雪錦晃星
Echeveria pulvinata 'Frosty'

錦晃星（*E. pulvinata*）的白葉品種，植株低矮
呈灌木狀。生長快速，體質強健，經常用來做
為組合盆栽的材料。照片這株約 15cm 寬。

大和錦
Echeveria purpusorum

以「大和錦」的名稱流通，膨膨柔軟的帶紅葉片，
很多都是交配種的「酒神（*E.* 'Dionysos'）」。
原種是像照片這樣，葉片前端尖銳，斑紋清楚鮮
明非常美麗。

魯道夫
Echeveria rodolfii

2003 年才被承認的新品種，如泥漿般無光澤的
紫色葉片，素雅的模樣為其魅力所在。會開很
多花，但若開花數量過多，會造成植株衰弱，
要特別注意。

魯伯瑪吉娜
Echeveria rubromarginata 'Esperanza'

有幾個不同的型態，本品種是其中的一型。屬
於中型品種，葉片有些微的波浪起伏。照片這
株約 15cm 左右。

▍特選魯伯瑪吉娜
Echeveria rubromarginata 'Selection'

這株是從原種選拔出來的小型選拔品種。小波浪荷葉邊的葉緣是其特徵。

▍倫優尼
Echeveria runyonii

有幾種不同的型態，這是基本型，青白色，株形端正的優形種。照片這株寬度約 10cm。

▍聖卡洛斯
Echeveria runyonii 'San Carlos'

最近才在聖卡洛斯的內華達山脈發現的一種新面貌的倫優尼。比基本種大型，株形較扁平，葉緣呈現柔和的波浪狀，非常美麗的品種。照片這株約 15cm 寬。

▍特葉玉蓮
Echeveria runyonii 'Topsy Turvy'

倫優尼的突變異種，反向彎曲的葉片是其特徵，也有人稱之為反葉石蓮，是容易栽種的普及品種。照片這株約 10cm 寬。

七福神
Echeveria secunda

是擁有很多型態的七福神當中的基本型。體質強健,經常長出子株,形成群生株。照片這株,整體寬度約 15cm。

紅顏
Echeveria secunda var. *reglensis*

七福神系列當中體型最小的,實生一年左右會開花。個別蓮座狀葉盤的直徑雖然只有 2cm 左右,但是會長出子株,形成可愛的群生株。

七福神・普埃布拉
Echeveria secunda 'Puebla'

原產於墨西哥的普埃布拉,是七福神當中最美麗的。照片這株約 10cm 寬。

七福神・譚那戈多洛
Echeveria secunda 'Tenango Dolor'

原產於墨西哥的譚那戈多洛,青磁色的美麗七福神。雖然小型,但經常生出子株形成群生。照片這株約 5cm 寬。

▌七福神・薩莫拉諾
▌*Echeveria secunda* 'Zamorano'

原產於墨西哥的薩莫拉諾，葉尖呈現紅色的美麗品種，在七福神當中屬於稍微難栽種的品種。照片這株約 6cm 寬。

▌錦司晃
▌*Echeveria setosa*

其特徵為葉子上有毛，是錦司晃的基本種。跟青渚（*E. setosa* var. *minor*）很相似，但青渚比較小型，葉子前端比較尖銳。照片這株約 6cm 寬。

▌小藍衣
▌*Echeveria setosa* var. *deminuta*

錦司晃的細毛小型品種，雖然栽種條件跟錦司晃差不多，但是不耐夏季暑熱，要特別注意。照片這株約 5cm 寬。

▌青渚・彗星
▌*Echeveria setosa* var. *minor* 'Comet'

青渚實生苗當中唯一的一個突變異種。其特徵是放射狀的葉片前端呈尖狀，因此被取了「彗星」這個名字。寬度約 8cm。

綠摺邊
Echeveria shaviana ʹGreen Frillsʹ

莎薇娜（*E. shaviana*）的基本種裡有藍摺邊、
粉紅摺邊等等各式各樣的葉片。這裡介紹是原
產於佩萊格里納的綠摺邊（Green Frills）。

晚霞之舞
Echeveria shaviana ʹPink Frillsʹ

整個葉片染上淡淡的紫色，葉片表面帶著白粉，
葉片前端有微微的波浪狀，花為淡粉紅色。稍
微不耐夏季暑熱，所以要進行遮光管理。

史崔克・布斯塔曼特
Echeveria strictiflora ʹBustamanteʹ

原產於布斯塔曼特（Bustamante）。彷彿閃爍
著白光的米色菱形葉片，非常獨特。

凌波仙子
Echeveria subcorymbosa ʹLau 026ʹ

026 是 Alfred Lau 農場的收集編號。葉片中等
寬度，稍微大型的石蓮屬。葉色比藍寶石（Lau
030）白，葉片不太會隨季節產生紅葉現象而變
色。寬度約 6cm。

▌藍寶石
▌*Echeveria subcorymbosa 'Lau 030'*

雖然小型，但是經常增生子株，變成可愛的群生株。照片這株寬約 4cm。

▌沙博利基
▌*Echeveria subrigida*

葉片帶著白粉，葉緣鑲了一圈紅邊的大型種。照片這株雖只有約 10cm 寬，但能長到 20～30cm。葉插法繁殖雖然困難，但是若用花莖上長出的小葉，發根的機率很高。

▌杜里萬蓮
▌*Echeveria tolimanensis*

帶白粉的棒狀葉片，外形獨特的強健種。花莖很短，多花性，會開橘色的花朵。照片這株寬約 7cm。

▌東天紅
▌*Echeveria trianthina*

外形樸素的紫葉小型種。因為繁殖困難，市面上很少，十分珍稀。照片這株寬約 5cm。

楚基達・賽拉德利西亞斯
Echeveria turgida 'Sierra Delicias'

葉片內捲，株形獨特，葉尖的模樣也很可愛的
品種。不耐夏季暑熱，管理上要注意。照片這
株約 7cm 寬。

惜春
Echeveria xichuensis

石蓮屬中最珍貴的種之一。種子發芽率很低，
栽培也很困難，所以市面上很少見到。屬小型
種，葉片有獨特的溝紋。葉片約 4cm。

阿格拉婭
Echeveria 'Aglaya'

因為是用長莖大型種的大瑞蝶（*E. gigantean*）
和無莖的雪蓮（*E. laui*）交配出來的品種，所
以無莖，但是跟大瑞蝶一樣是大葉片。花跟雪
蓮一樣會往下垂。照片這株寬約 20cm。

晚霞
Echeveria 'Afterglow'

原本被認為是沙博基（*E. subrigida*）與莎薇娜
（*E. shaviana*）的交配種，但後來變更為康特
（*E. cante*）和莎薇娜（*E. shaviana*）的交配種。
可能是以前，全世界都把沙博利基和康特搞錯
的緣故。寬度約 30cm。

愛美女神
Echeveria 'Aphrodite'

「Aphrodite」阿佛洛狄忒是希臘愛與美之女神
的名字，獨特的紫褐色葉片，向內彎曲的厚葉，
充滿誘人的魅力。照片這株寬約 10cm。

洋娃娃
Echeveria 'Baby doll'

卡蘿拉‧布蘭蒂（*E. colorata* var. *brandtii*）
與豐滿圓形葉片的 *E. elegans* 'Kesselringiana'
雜交而來的交配種。照片這株寬約 7cm。

班‧巴蒂斯
Echeveria 'Ben Badis'

有名的交配品種。葉尖和葉片背面的紅色條紋
很美麗。照片這株寬約 7cm。

黑王子
Echeveria 'Black Prince'

古紫（*E. affinis*）和莎薇娜（*E. shaviana*）的
交配種。生長快速是其特徵。不耐夏季的強烈
光線，要特別注意。照片這株約 10cm 寬。

藍鳥
Echeveria 'Blue Bird'

很早前就存在的優形交配種（*E. cante* × *E. peacockii*），其繼承了兩個親本的優良性狀，密實的白色葉片充滿魅力。無莖，照片這株約15cm寬。

藍精靈
Echeveria 'Blue Elf'

「Elf」是「精靈」的意思，是養老（*E. peacockii*）與艾西諾（*E. El Encino*）的交配種。葉尖為紅色，很美麗的小型種。照片這株約4cm寬。

藍光
Echeveria 'Blue Light'

在日本培育出來的一個優形交配種。培育者是帶向氏，據說是用當時一首流行歌曲「Blue Light Yokohama」命名。照片這株約20cm寬。

白閃冠（綴化）
Echeveria 'Bonbycina' f.cristata

普及品種白閃冠（*E. setosa* × *E. pulvinata*）的綴化植株，不是很常見。因為不耐夏暑，所以不太容易繁殖。照片這株寬約7cm。

秋宴
Echeveria ʹBradburyanaʹ

雖然是優良的交配種，但可能因為是老苗的關係，受到病毒的侵害，培育出的植株不是很漂亮。照片這株寬約 7cm。

卡迪
Echeveria ʹCadyʹ

德國的 Kaktus Koehres 苗圃，用康特（*E. cante*）和古紫（*E. affinis*）交配出來，擁有紫色葉片的中型種。跟「*Echeveria* ʹBlue Prince*ʹ*」相像，但卻是不同的品種。照片這株寬約 20cm。

卡桑德拉
Echeveria ʹCasandraʹ

是康特（*E. cante*）和莎薇娜（*E. shaviana*）的交配種，繼承了兩個親本的優良性狀。葉邊的波浪起伏不明顯，比較偏康特的感覺。粉紅色漸層的葉色非常好看。寬度約 20cm 左右。

卡多斯
Echeveria ʹCatorseʹ

以前被認為名稱不詳的種，後來才以「Catorse」這個名字被承認。跟七福神相似，但是開花的方式不同，且葉數較少。寬度約 6cm 左右。

粉彩玫瑰
Echeveria 'Chalk Rose'

用倫優尼（*E. runyonii*）交配出來的，但另一個親本不詳。比倫優尼扁平，葉片則是黃色的。之前是用「China Rose 瓷玫瑰」這個錯誤的名稱在市面上流通。照片這株寬約 6cm。

聖誕節
Echeveria 'Christmas'

雖是用「*Echeveria pulidonis* 'Green Form'」的名字在市面上流通，但其實是花麗（*E. pulidonis*）和東雲（*E. agavoides*）的交配種，不是花麗的變種。照片這株寬約 6cm。

卡米妮
Echeveria 'Comely'

迷你馬（*E. minima*）和黑爪（*E. cuspidata* var. *zaragozae*）的交配種，迷你馬的葉尖變得更紅更大。葉色比較偏酷思比（*E. cuspidate*）的青磁色。照片這株寬約 4cm，已成長至開花階段。

安樂
Echeveria 'Comfort'

Comfort 代表「安樂」的意思，是卡蘿拉（*E. colorata*）和艾西諾（*E. El Encino*）的交配種。如預期地遺傳了卡蘿拉的優良性狀。艾西諾也是很好的品種。寬度約 6cm。

花月夜
Echeveria 'Crystal'

月影（*E. elegans*）和花麗（*E. pulidonis*）的交配種。小型的人氣品種。約 10cm 寬。在日本雖然有「花月夜」這個日本名字，但最近開始用「Crystal 水晶」這個名稱在市面上流通。

卓越
Echeveria 'Eminent'

酷思比（*E. cuspidate*）和卡蘿拉（*E. colorata*）的交配品種。葉尖的感覺比較接近酷思比，但是肥厚葉片就繼承了卡蘿拉。照片這株約 10cm 寬。

希望
Echeveria 'Espoir'

「大和美尼（大和錦 × 迷你馬）」與麗娜蓮（*E. lilacina*）三種雜交的交配種。比較偏「大和錦」的感覺，但葉片也看得出麗娜蓮的影子。

黃色精靈
Echeveria 'Fairy Yellow'

粉彩玫瑰（*E.* 'Chalk Rose'）和多明戈（*E.* 'Domingo'）交配出來的黃色品種。用相同親本交配出來的姐妹株，還有紫色的「Fairy Purple」。照片這株約 5cm 寬。

淑女
Echeveria 'Feminine'

雪蓮（*E. laui*）和花麗（*E. pulidonis*）的交配種有好幾個，每一個都漂亮。照片裡的就是其中一種，寬度約6cm。「Feminine」就是「優雅的女士、淑女」的意思。

足燈
Echeveria 'Foot Lights'

霜之鶴（*E. pallida*）和花麗（*E. pulidonis*）的交配種。霜之鶴的交配種大多植株較高，很少會有無莖的狀況出現，本品種就是無莖的品種，寬度約7cm。「Foot Lights」就是「足燈」的意思。

優美
Echeveria 'Grace'

「Grace」就是「優美」的意思。摩拉尼（*E. moranii*）和倫優尼・聖卡洛斯（*E. runyonii* 'San Carlos'）的交配種。兩者的特徵表現在哪雖不是很清楚，但依然美麗的品種。照片這株約8cm寬。

銀武源
Echeveria 'Graessner'

靜夜（*E. derenbergii*）和錦晃星（*E. pulvinata*）的交配種，一般是青綠色，但是會隨季節轉成黃色。花莖很短，體質健康，很快就會長成漂亮群生株。照片這株寬度約20cm左右。

▌白鳳
Echeveria ʼHakuhouʼ

霜之鶴（*E. pallida*）和雪蓮（*E. laui*）交配，產於日本的優形品種（培育者為富沢氏）。是霜之鶴（*E. pallida*）的交配種裡很罕見的無莖品種。葉色從綠到粉紅的漸層變化非常美麗。寬度約 12cm。

▌花筏錦
Echeveria ʼHanaikadaʼ f. *variegata*

「花筏」的錦斑品種。有另一個名字是以培育出該品種的台灣福祥仙人掌多肉植物園為名的「福祥錦」。寬度約 15cm。

▌花之宰相
Echeveria ʼHananosaishouʼ

因為是霜之鶴（*E. pallida*）和七福神（*E. secunda*）的交配種，所以又有另一個名稱是「*Echeveria pallida* ʼPrinceʼ」。照片是葉片發生紅葉現象前的模樣，變色之後，葉緣會變成漂亮的紅色。照片這株約 8cm。

▌太陽神
Echeveria ʼHeliosʼ

摩拉尼（*E. moranii*）和養老（*E. peacockii*）的交配種，養老的葉形配上摩拉尼的紅色葉緣。到了冬天，葉片的紅色會變得更深。寬度約 6cm 左右。「Helios」是「太陽神」的意思。

頑童
Echeveria 'Impish'

楚基達（*E. turgida*）和迷你馬（*E. minima*）的交配種，比大和峰更小型，葉尖變得更可愛，寬度約 3cm。「Impish」的意思是「如頑童般的」。

純真
Echeveria 'Innocent'

花月夜（*E.* 'Crystal'）和霜之鶴（*E. pallida*）的交配種，沒有霜之鶴的大型葉片，而是比較接近花月夜的小巧可愛。照片這株寬約 3cm，還未成長至開花階段。

汎基伯／象牙
Echeveria 'J.C. Van Keppel'

月影（*E. elegans*）和東雲（*E. agavoides*）的交配種，也有用「*Echeveria* 'Ivory'」這個名字在市面上流通。照片是它在夏天的模樣，寬度約 7cm，冬天時葉片前端會變成粉紅色。

紅迷你馬
Echeveria 'Jet-Red minima'

以往的「Red minima」跟原種的迷你馬（*E. minima*）相比幾乎都沒有什麼差別，現在終於出現和「紅迷你馬」這個名字相稱的交配種了。

茱麗斯
Echeveria 'Jules'

交配親本不詳。雖然被認為是石蓮屬，但是花和風車草屬（*Graptopetalum*）比較接近，說不定是人工屬（*Graptoveria*）。冬天時葉片轉成紫色，非常美麗。照片這株約 10cm 寬。

拉可洛
Echeveria 'La Colo'

雪蓮（*E. laui*）和卡蘿拉（*E. colorata*）的交配種，這兩者的交配在全世界各地都有人做，有名的大雪蓮（*E.* 'Laulindsa'）也是這樣用雪蓮和林賽（＝卡蘿拉）交配出來的。照片這株約 25cm 左右。

大雪蓮
Echeveria 'Laulindsa'

雪蓮（*E. laui*）和林賽（*E. colorata* 'Lindsayana'）的有名交配種。交配種跟親本會在某些地方有點不同，這就是玩交配的樂趣所在。拉可洛也是這個配對所產生的一個交配種。寬度約 20cm 的大型種。

蘿拉
Echeveria 'Lola'

雖然被認為是麗娜蓮（*E. lilacina*）和靜夜（*E. derenbergii*）的交配種，但應該是蒂比（*Echeveria* 'Tippy'）×麗娜蓮才對。跟它相似的品種有靜麗娜（*E.* 'Derenceana'），在小苗的時候幾乎看不出有何差異。

可愛蓮
Echeveria 'Lovable'

迷你馬（*E. minima*）和摩拉尼（*E. moranii*）
的交配種。遺傳了迷你馬的小型特性，簡言之
就是「可愛」。照片這株約 4cm 寬。「Lovable」
是「可愛、惹人憐愛」的意思。

露西拉
Echeveria 'Lucila'

雪蓮（*E. laui*）× 麗娜蓮（*E. lilacina*），感
覺是兩者之綜合體的交配種。葉子像麗娜蓮，
花則與雪蓮相似。照片這株約 20cm 寬。

瑪麗亞
Echeveria 'Malia'

東雲系裡面也有相同名字的品種，因為同名，
所以改名為 *Echeveria* 'Cel Estrellat'。照片這
株寬約 7cm 寬。

墨西哥巨人
Echeveria 'Mexico Giant'

也有人說它是卡蘿拉（*Echeveria colorata*）的
變種，但是仔細觀察的話，會發現它葉片的形
狀和大小，尤其是開花的方式全都不一樣，所
以是不同品種。寬度約 25cm。

▌墨西哥黃昏
▌ *Echeveria* 'Mexico Sunset'

會陸續生出子株，形成群生株。極少數情況下
會恢復原始蓮座狀的模樣，開的花與卡蘿拉的
花相同，所以其中一個親本應該是卡蘿拉。冬
天時葉片會變色。

▌碧牡丹
▌ *Echeveria* 'Midoribotan'

很久以前，這個名字曾被用在某個進口的植株
（推測是 *Echeveria palmeri*）。「藍光（*E.* 'Blue
Light'）」據說是這個品種和康特的交配種。寬
度約 15cm 左右。

▌桃太郎
▌ *Echeveria* 'Momotarou'

跟 189 頁的瑪麗亞很相似，只是尖爪更粗壯，
所以栽培條件並沒有太大差異。據說這個品種
有出口至韓國，然後以瑪麗亞的名字再進口回
日本。

▌怪物
▌ *Echeveria* 'Monster'

雪蓮（*E. laui*）和沙博利基（*E. subrigida*）的
交配種。超大型的蓮座狀葉盤，直徑約 50cm。
跟用肥料栽培而變大的植株不同，該品種只需
一般的栽培方法就能長這麼大。

月河
Echeveria 'Moonriver'

「高砂之翁」的白斑品種。大型的錦斑品種很少見，所以珍貴，很具觀賞性的美麗品種。照片這株約20cm寬。

野玫瑰之精
Echeveria 'Nobaranosei'

靜夜（*E. derenbergii*）與黑爪（*E. cuspidata* var. *zaragozae*）雜交，短莖上的蓮座狀葉盤比靜夜稍微大一點，花也比較像靜夜。照片這株約5cm寬。

悸動的心
Echeveria 'Palpitation'

是羅密歐（*E. agavoides* 'Romeo'）和杜萬里蓮（*E. tolimanensis*）的交配種。有種紅色杜萬里蓮的感覺。照片是夏天的模樣，冬天時葉片會變得更紅。寬度約6cm。「Palpitation」是「心跳」的意思。

小可愛
Echeveria 'Petit'

迷你馬（*E. minima*）和葛勞卡（*E. secunda* 'Glauca'）的小型交配種，青色葉片末端有紅色葉尖，很快就能形成漂亮的群生株。照片這株約7cm寬。「Petit」有「小巧可愛」的意思。

▌粉紅天使
▌ *Echeveria* 'Pinky'

是莎薇娜（*E. shaviana*）× 康特（*E. cante*）很早就有的交配種，跟卡桑德拉（*E.* 'Casandra'）的交配母本和父本相反。粉紅色葉片、無莖的美麗石蓮屬。照片這株寬約 20cm。

▌紙風車
▌ *Echeveria* 'Pinwheel'

「Pinwheel」是「紙風車」的意思，以前是用「3/07」的整理編號命名，現在已經以「紙風車」這個名字來稱呼了。小型品種，寬度約 5cm。

▌藍粉蓮
▌ *Echeveria* 'Powder Blue'

其中一個親本是沙博利基（*E.subrigida*），跟「白玫瑰（*E.* 'White Rose'）」很相似，但比較小型，形成群生株。單一個蓮座狀葉盤，寬度約 10cm。

▌女主角
▌ *Echeveria* 'Prima'

「Prima」是「女主角」的意思，是粉紅天使（*E.* 'Pinky'）和聖卡洛斯（*E. runyonii* 'San Carlos'）的交配種。這株寬約 5cm 還是小苗，但已出現聖卡洛斯的波浪狀葉緣。

錦之司
Echeveria 'Pulv- Oliver'

錦晃星（*E. pulvinata*）和花司（*E. harmsii*）的交配種，長著短毛的葉片相當漂亮。屬於立木性，高度約 20cm。

小女孩
Echeveria 'Puss'

「Puss」是「小女孩」的意思。麗娜蓮（*E. lilacina*）和靜夜（*E. derenbergii*）交配出來的新品種。繼承兩個親本的優良性狀，模樣小巧可愛。寬度約 5cm。

雨滴
Echeveria 'Raindrops'

其特徵是葉面上出現的疣狀突起，是舞會紅裙（*E.* 'Dick Wright'）的交配種。跟莎薇娜一樣，需要遮光管理。照片這株約 15cm 寬。

莉莉娜
Echeveria 'Relena'

是倫優尼（*E. Runyonii*）× 羅西馬（*E. longissima*），由德國 Kaktus Koehres 苗圃培育出來。蓮座狀葉盤是倫優尼的特徵，葉色則繼承了羅西馬。冬天的紅葉現象算是石蓮屬裡最出色的。寬度約 5cm。

革命
Echeveria 'Revolution'

是紙風車（*E.* 'Pinwheel'）的實生所產生的
突變品種。跟特葉玉蓮（*E. runyonii* 'Topsy
Turvy'）一樣，葉子會向外反折的珍貴品種。
照片這株寬約 10cm。

寶石紅唇
Echeveria 'Ruby Lips'

大型的交配品種，蓮座狀葉盤的直徑可達
25cm。交配親本不詳。冬天會變得特別紅，相
當漂亮。照片這株寬約 10cm。

紅頰
Echeveria 'Ruddy Faced'

「Ruddy Faced」是「紅頰」的意思，是厚葉
月影（*E. elegans* 'Albicans'）和大和美尼（*E.*
'Yamatobini'）的交配種。繼承了月影的血統，
帶著透明感的紅葉是其特徵。這株約 4cm 寬。

香格里拉
Echeveria 'Shangri-ra'

「香格里拉」是「世外桃源」的意思，是麗娜
蓮（*E. lilacina*）和墨西哥巨人（*E. colorata*
'Mexican Giant'）的交配種。這樣的交配種有
很多，因為都是外形漂亮的近緣種，所以才能
交配出美麗的品種。寬度約 8cm。

七變化
Echeveria 'Sichihenge'

E. 'Hoveyi' 的錦斑品種所產生的突變種。葉色會隨著季節產生各種變化，十分珍貴，冬季時是最美麗的。照片這株約 7cm 寬。

思托羅尼菲拉
Echeveria 'Stolonifere'

七福神 × 旭鶴（*E. gibbiflora*），終年常綠的交配種。會長出分枝形成子株，很快地就能長成群生株。照片這株約 8cm 寬。

蘇萊卡
Echeveria 'Suleika'

沙博利基（*E. subrigida*）× 雪蓮（*E. laui*），德國 Kaktus Koehres 苗圃培育出來的交配種。扁平白色的優良品，繼承了雪蓮的血統，交配的成果非常好。照片這株約 20cm 寬。

蘇珊塔
Echeveria 'Susetta'

沙博利基（*E. subrigida*）和養老（*E. peacockii*）的交配種，跟蘇萊卡很像，但稍微小型一點，葉片前端呈尖狀並且帶有葉尖。照片這株約 10cm 寬。

▌甜心
▌*Echeveria* 'Sweetheart'

「Sweetheart」意指「可愛的人」。雪蓮與珍貴品種碧牡丹的交配種，如大多數雪蓮的交配種一樣，外形美麗。照片這株約 7cm 寬。

▌獨角獸
▌*Echeveria* 'Unicorn'

「Unicorn」代表「獨角獸」的意思。由史崔克‧布斯塔曼特（*E. strictiflora* 'Bustamante'）× 楚基達（*E. turgida*）的實生株當中選拔出來，葉片往上直立生長的品種。葉子為米色，十分獨特。這株約 6cm 寬。

▌范布鍊
▌*Echeveria* 'Van Breen'

靜夜（*E. derenbergii*）和銀明色（*E. carnicolor*）的交配種，跟「銀光連」很相似。也有人叫它「Fun queen」（歡樂女王），但應該是日語讀音上的錯誤。照片這株寬約 18cm。

▌大和美尼
▌*Echeveria* 'Yamatobini'

根岸交配種。是依據日本該品種培育者的名字去命名的。照片這株約 6cm 寬。

風車草屬
Graptopetalum

DATA

科　　名	景天科
原 產 地	墨西哥
生 長 期	夏型
給　　水	春～秋季 2 週 1 次，冬季 1 個月 1 次
根　　粗	細根型
難 易 度	★☆☆☆☆

　　大多為小型種，經常被拿來和石蓮之類的屬進行交配。冬天休眠期最好保持稍微乾燥為佳。大量群生的話，容易因為悶熱潮濕而腐爛，所以要特別注意通風。屬於可食性多肉植物，經常在超市販賣的「石蓮花」，其學名為「*Graptopetalum paraguayense*」，便是本屬的一種。

醉美人
Graptopetalum amethystinum

短莖上面長著以蓮座狀排列的圓形葉片，寬度約 7cm，生長速度緩慢。沒開花的時候，容易跟月美人屬（*Pachyphytum*）搞錯。

菊日和
Graptopetalum filiferum

從很早以前就有栽培，但出乎意料的是，很少在市面上看見。照片這株約 5cm 寬。非常不耐暑熱，務必要注意。

蔓蓮
Graptopetalum macdougallii

極小型的種，寬約 3cm，易增生走莖，再從走莖前端長出花莖和子株。青磁色的葉片前端，到了冬天會變成紅色，相當賞心悅目。

姫秀麗 / 姫秋麗
Graptopetalum mendozae

是風車草屬裡最小型的種,寬度僅約 1cm。花是純白色,葉片前端有點尖尖的。跟它長相類似的種裡,其中一種是花帶有紅色斑點,葉片前端較圓潤的蜜麗娜(*Graptopetalum mirinae*)。

銀天女
Graptopetalum rusbyi

幾乎無莖的小型種,寬度約4cm。葉片為紫色,一年到頭都是這個顏色。屬於多花性,是小型交配種很好的親本。

銅姫 / 姫朧月
Graptopetalum 'Bronze'

三角形的多肉質葉片如玫瑰花瓣展開。到了冬天,照片裡的紅棕色會變得更深、更濃。

可愛
Graptopetalum 'Cute'

是姫秀麗 × 菊日和,風車草屬同屬間的交配種。繼承了姫秀麗的血統,所以超小型,易增生許多子株,形成龐大的群生株。總直徑約 12cm。

Graptoveria 屬

Graptosedum 屬

風車草屬（*Graptopetalum*）與石蓮屬（*Echeveria*）的屬間交配種是 *Graptoveria*，與景天屬（*Sedum*）的屬間交配種則是 *Graptosedum*。在已培育出的眾多交配種中，只留下優良的品種。呈蓮座狀排列的肥厚葉片是其特徵。要在日照和通風良好的場所進行管理，給水量也要稍微控制。生長期是春季和秋季，盛夏和嚴冬則是休眠期。

▌紅葡萄
Graptoveria 'Amethorum'

石蓮屬的「大和錦」和風車草屬的醉美人的屬間交配種。獨特的葉色和肥嘟嘟的多肉質葉片，充滿魅力。蓮座狀葉盤的直徑約 5 ～ 6cm。

▌黛比
Graptoveria 'Debbie'

表面覆蓋白粉的葉片，有著迷人的紫色色調，很美麗的普及品種，但交配親本不詳。莖不會伸長，會從植株基部長出子株，形成群生。夏季要在半日陰處進行管理。

▌紫丁香錦
Graptoveria 'Decairn' f. *variegata*

雖然交配親本不詳，但花看得出是風車草屬。小巧玲瓏且有漂亮的斑紋，所以很有人氣。經常長出分枝，形成群生。照片這株寬度約 5cm。

扮鬼臉
Graptoveria 'Funny Face'

風車草屬的「菊日和」（197頁）跟石蓮屬的交配種，克服了不耐暑熱的性質。葉片扁平、前端為紅色，容易增生子株的優良品種。寬度約6cm。

紅唇
Graptoveria 'Rouge'

「Rouge」代表「紅唇」的意思。紅葡萄（*Graptoveria* 'Amethorum'）和魯伯瑪吉娜（*E. rubromarginata*）的交配種，卻出現與兩者皆不相似的全新面貌。寬度約15cm。

白雪日和
Graptoveria 'Sirayukibiyori'

風車草屬的「菊日和」（197頁）和麗娜蓮（169頁）的交配種。這株是繼承了兩個親本之優秀性狀的優良植株。

妖精
Graptoveria 'Sprite'

花麗（*E. pulidonis*）和銀天女的交配種，小型的銀天女配上花麗的葉緣，非常可愛。照片這株寬約4cm。

超級巨星
Graptoveria 'Super Star'

貝拉（*Graptopetalum bellum*）和花麗（*E. pulidonis*）的交配種，開的是比原種更大的深桃紅色花朵。貝拉系列全都不耐暑熱，所以要特別注意。照片這株約 20cm 寬。

桑伍德之星
Graptoveria 'Thornwood Star'

德國 Kaktus Koehres 苗圃所培育出的交配種。幼苗經過選拔，冬天時葉色更紅，則被稱為紅星「Red star」。寬度約 6cm。

秋麗
Graptosedum 'Francesco Baldi'

非常強健，繁殖力也很旺盛，在市面上流通很廣的品種，親本相似的交配種還有很多。照片這株寬約 5cm。

光輪
Graptosedum 'Gloria'

「Gloria」有「光輪」的意思。小型的紅葡萄（*Graptoveria* 'Amethorum'）和長莖的銘月（*Sedum adolphii*）的交配種。這株約 2cm 寬。

伽藍菜屬
Kalanchoe

DATA

科　　名	景天科
原 產 地	馬達加斯加、南非
生 長 期	夏型
給　　水	春秋季1週1次，夏季2週1次，冬季斷水
根　　粗	粗根型、細根型
難 易 度	★★☆☆☆

　　主要產地為馬達加斯加，約有120多個種，姿態豐富多變的景天科家族。葉片的形狀和顏色很有個性，除了能欣賞葉色的微妙變化外，也有葉片前端會長出子株的種類，還有會開美麗花朵的種類。生長期是春～秋季的夏型，很多種類在戶外淋雨也能生長，被歸類為容易栽培的一族。

　　雖然景天科植物有許多耐寒的種類，但伽藍菜屬卻具有不耐寒的性質。冬季時要斷水，在室內日照良好的地方進行管理。在戶外栽培的，即使是大型種，在秋季時也要移至室內或溫室內。溫度5度以下，生長狀況會不佳，甚至會枯萎。

　　夏季務必置於通風良好的地方。用葉插法或枝插法簡單就能繁殖。用葉插法的話，要置於日陰處進行管理。屬於日長時間縮短就會結出花芽的短日植物。

▌不死鳥錦
▌*Kalanchoe daigremontiana f. variegata*

葉片上有黑紫色斑紋，葉緣長著紅色小芽，體質強健，栽培和繁殖都很容易。日照不足的話，葉片的紅色不易顯現，要特別留心。

▌福兔耳
▌*Kalanchoe eriophylla*

葉和莖都被白色的絨毛覆蓋，植株不會長高但會側生枝條，形成群生，花是粉紅色的。冬季管理不要讓溫度低於攝氏5度以下。別名「白雪姬」。

花葉圓貝草
Kalanchoe feriseana f. *variegata*

卵形的葉片呈對生的品種，葉子上有白斑，開的是朝上的筒狀紅花。植株若過於延伸的話，可修剪整形，讓植株重新生長。

雷鳥
Kalanchoe gastonis

葉片表面有著美麗花紋，仔細觀察的話，會發現它和子寶弁慶一樣，葉片邊緣會增生不定芽。

虎紋伽藍菜
Kalanchoe humilis

有著美麗自然斑紋的伽藍菜屬。莖很短，但會橫向擴大形成群生，寬度約 5cm。

朱蓮
Kalanchoe longiflora var. *coccinea*

紅色葉片是其主要特徵。持續生長時，莖會直立並長出分枝。日照不足的話，葉片會變成綠色，要特別注意。

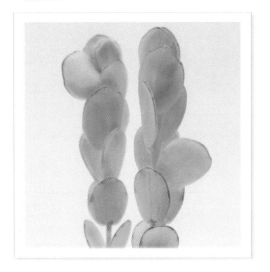

▌白姬之舞
Kalanchoe marnieriana

直線狀延伸生長的植莖上，互生著卵形葉片。
葉片邊緣鑲著鮮艷的紅邊。用扦插法簡單就能
繁殖。

▌千兔耳
Kalanchoe millotii

原產於馬達加斯加。淡綠色葉片被絨毛覆蓋，
葉片周圍有細小的鋸齒狀是其特徵，屬於比較
大眾化的小型伽藍菜屬植物。

▌仙人之舞
Kalanchoe orgyalis

卵形的褐色葉片是其特徵，葉片表面被天鵝絨
般的細毛所覆蓋。生長速度緩慢，長期栽培，
莖會木質化，長成灌木狀。花朵為黃色。

▌白銀之舞
Kalanchoe pumila

好像被撒了白粉的美麗銀葉是其特徵，葉片邊
緣呈現細小的鋸齒狀。在溫暖地區可以在戶外
過冬，盛夏時必須進行遮光管理。

扇雀
Kalanchoe rhombopilosa

原產於馬達加斯加的小型種,高度約 15cm。前端呈波浪狀的銀色葉片上面帶著褐色斑紋,春季時會開黃色的花朵。

唐印錦
Kalanchoe thyrsiflora f. variegata

表面有白粉的葉片非常美麗,是「唐印」的錦斑品種。綠、黃、紅三個顏色的組合,十分賞心悅目。冬季溫度要維持在攝氏 0 度以上。

月兔耳
Kalanchoe tomentosa

細長的葉片上面密密麻麻布滿了如天鵝絨般的細毛,好像兔子的耳朵一般。葉片邊緣鑲了黑色斑點也是特徵之一。酷暑期最好移至半日陰處比較妥當。

黑兔耳
Kalanchoe tomentosa f. nigromarginatus 'Kurotoji'

近年從馬達加斯加的原產地輸入了新型態的月兔耳,培育出新的交配種,種類變得更豐富了,黑兔耳就是其中的一種。寬度約 30cm。

瓦松屬
Orostachys

DATA

科　　名	景天科
原 產 地	日本、中國等地
生 長 期	夏型
給　　水	春～秋季1週1次，冬季1個月1次
根　　粗	細根型
難 易 度	★★☆☆☆

與景天屬（*Sedum*）近緣的多肉植物。日本、中國、俄羅斯、蒙古、哈薩克等東亞國家是原產地。約有15個左右已知的原生種。另外也有很多透過交配等方式培育出來的園藝品種，也有的在日本被當作山野草栽植。

小巧可愛的蓮座狀葉盤是其魅力所在。尤其是日本自很早以前就栽培出岩蓮華的錦斑品種，像是「富士」、「鳳凰」、「金星」都很美麗，在國外也很有人氣。晚秋時，葉盤中央會往上伸出花莖，綻放許多花朵。

性質是夏型，從春季至秋季是生長期，夏季要置於半日陰處、保持環境的通風良好和涼爽性非常重要。很多品種的耐寒性佳，冬天可以在戶外栽培。繁殖力旺盛，有的會伸出走莖，然後從走莖前端長出子株，把子株切下來很簡單就能繁殖。也很容易形成群生株。

子持蓮華
Orostachys boehmeri

原產於北海道和青森。從小型蓮座狀葉盤伸出走莖，並於前端發出子株。會從葉盤中心伸出花莖，綻放白色花朵。

子持蓮華錦
Orostachys boehmeri f. variegata

帶著黃色覆輪斑的美麗「子持蓮華」。冬季期間葉片會內縮包起來。春天時會像照片一樣，葉片向外展開。寬度約2cm。

▌爪蓮華錦
Orostachys japonica f. *variegata*

原產於日本關東以西、朝鮮半島、中國，爪蓮華的黃斑品種。照片是其夏天的模樣，入秋之後會枯萎，只殘留中心的小葉。寬度約 4cm。

▌富士
Orostachys malacophylla var. *iwarenge* 'Fuji'

岩蓮華帶白覆輪斑的品種。盛夏時盡量在涼爽的場所進行管理。一開花植株就會枯萎，可培育旁邊長出的越冬芽。寬度約 6cm。

▌鳳凰
Orostachys malacophylla var. *iwarenge* 'Houou'

岩蓮華的黃中斑品種，斑色稍微較淡，姿態優雅美麗，栽培方式跟「富士」一樣。

▌金星
Orostachys malacophylla var. *iwarenge* f. *variegata*

岩蓮華帶黃覆輪斑的品種，稍微比較小型，寬度約 5cm，栽培方式跟「富士」相同。

月美人屬
Pachyphytum

DATA

科　　名	景天科
原 產 地	墨西哥
生 長 期	夏型
給　　水	春～秋季2週1次，冬季1個月1次
根　　粗	細根型
難 易 度	★☆☆☆☆

　　淡色調的肥厚葉片是人氣一族。雖是夏型種，但是盛夏時生長會遲緩，因此要控制給水量，並置於半日陰處管理。葉片帶白粉的品種，在給水時請注意不要直接澆淋葉片。換土適合的時機是春季或秋季。根易橫生蔓延，所以1至2年要換土重種一次。繁殖用葉插法或扦插法。

千代田松
Pachyphytum compactum

短莖上長著小巧可愛緊密排列的肥厚葉片，個別葉片長度約1cm。蓮座狀葉盤直徑約2.5cm，容易長出分枝形成群生，花是紅色的。

星美人錦
Pachyphytum oviferum f. variegata

星美人少見斑紋長得好看的，但照片這株卻長得很漂亮。植株會隨著生長長高，並從基部長出子株形成群生。照片這株約5cm寬。

紫美人
Pachyphytum viride

短莖上，圓棒狀的長形葉片呈放射狀生長。個別葉片的長度約10cm。其花朵堪稱月美人屬裡最美的。

沃得曼尼
Pachyphytum werdermannii

短莖的前端長著被白粉包覆的灰色葉子。單片葉子的長度約 4cm。

金納吉
Pachyphytum 'Kimnachii'

是以發現者 Kimnachii 來命名的品種。葉子並非紫美人等品種的棍棒狀，比較扁平。單一葉片的長度約 8cm。

瓦蓮屬
Rosularia

DATA

科　　名	景天科
原 產 地	北非～亞洲內陸
生 長 期	冬型
給　　水	秋～春季 1 週 1 次，夏季 1 個月 1 次
根　　粗	細根型
難 易 度	★★☆☆☆

　　分布區域從北非到亞洲內陸，約有 40 個原生種的小型植物。繁殖力很強，經常群生。生長期是冬型，體質強健，屬於比較耐熱和耐寒的家族，但是不耐盛夏暑熱，所以要置於日陰處，斷水並保持環境涼爽。跟卷絹屬（*Sempervivum*）很類似，栽培上的注意事項也大致相同。

菊瓦蓮
Rosularia platyphylla

原產於喜馬拉雅地區的小型多肉植物，葉片上長了很多細毛，夏天要保持乾燥，照射陽光葉片會染紅。雖然小型，但經常群生。照片是生長期的模樣，夏天保持乾燥時，葉片會閉合成球狀。單一植株寬度約 5cm。

景天屬（佛甲草屬）

Sedum

DATA

科　　名	景天科
原 產 地	歐亞大陸及美洲
生 長 期	夏型
給　　水	春秋 1 週 1 次，夏季 2 週 1 次，冬季 1 個月 1 次
根　　粗	細根型
難 易 度	★☆☆☆☆

　　分布於全世界，約有 600 個種的大屬，其中大部分都有著多肉質葉片。有很多種都兼具良好的耐暑性和耐寒性，非常容易栽種，很受歡迎。依據種類特性，有的甚至能用於屋頂綠化，生命力很強。

　　種類豐富，有葉片呈蓮座狀排列的類型，也有葉子圓鼓鼓的型態，或是小葉片群生的種類，各式各樣的外形和姿態，可說是組合盆栽不可或缺的重要材料。

　　基本上性喜日照，但是有點不耐盛夏陽光直射，所以請置於明亮涼爽的日陰處進行管理。幾乎每一種的耐寒性都很好，即使是接近 0 度的低溫，依舊能安然過冬。雖然生長期是春季至秋季，但是盛夏時要稍微控制給水量。特別是群生株，要注意悶濕的問題，要放在通風良好的地方。換土的適當時機是春季和秋季。扦插最好選在秋天進行。

▎銘月
Sedum adolphi

帶有光澤感的黃綠色葉片連綴生長，植株慢慢直立後分枝。秋季日照良好的話，全株會變得略帶紅色。耐寒性較強，冬季可在戶外過冬。

▎白厚葉弁慶
Sedum allantoides

原產於墨西哥，長著帶白粉的棒狀葉片，小型的佛甲草屬。長成大植株時會分枝形成樹木狀。

八千代
Sedum allantoides

伸長的植莖向上直立生長，莖的上部長了許多小小的葉子。黃綠色的葉子略帶圓形，葉子前端透著些微紅色。

玉綴／玉簾
Sedum morganianum

持續生長的話，會伸長往下垂墜，很適合作為懸吊裝飾，也有比照片這株再更大一點的「大玉綴」。一串垂枝的寬度約 3cm 左右。

姬玉綴
Sedum burrito

比「玉綴」略為小型的品種，一串垂枝的寬度約 2cm，生長速度也稍微較慢。葉子容易脫落，在換土等動作時要小心注意。

姬星美人
Sedum dasyphyllum

普遍常見的姬星美人系列的基本種，其中最小型的，葉子到冬季會轉為紫色。跟月美人屬（*Pachyphytum*）的星美人很像，但比較小型，所以被取了這個名字。

大型姬星美人
Sedum dasyphyllum f. burnatii

長了許多圓形小葉的小型佛甲草屬。冬天時，葉片會染上紫色，非常耐寒，冬季可在戶外過冬，是姬星美人系列中稍微大型的品種。

寶珠扇
Sedum dendroideum

有著獨特形狀的鮮綠色葉片，莖直立生長的同時，會長出分枝。能耐夏季的暑熱和多濕，很容易栽種，管理也很輕鬆。

玉蓮
Sedum furfuraceum

呈灌木狀生長，圓形葉片的顏色為深綠色至深紫色，上面有白色花紋，花為白色。生長速度雖然慢，但是用葉插法很容易繁殖。

綠龜之卵
Sedum hernandezii

深綠色的卵形葉片是主要特徵。葉片表面如龜裂般，呈現粗糙的質感，莖幹直立生長，若日照不足或是給水過多，容易發生徒長現象，請留心注意。

信東尼
Sedum hintonii

葉子長滿許多白色，花莖會伸長 20cm 以上是其特徵。同屬裡長得很像的有「貓毛」（*sedum mocinianum*），但是白毛比較短，花莖不太會伸長。

賽普勒斯景天
Sedum microstachyum

原產於地中海的賽普勒斯島，高山性的景天屬。雖被認為能耐負 15 度的低溫，但是在日本關東地區，據說有葉子凍傷的情形發生。寬度約 5cm。

乙女心
Sedum pachyphyllum

生長期為夏天，日照不足的話，會造成紅色發色狀況不佳。斷肥並減少給水，才能顯現出鮮艷漂亮的顏色。

虹之玉
Sedum rubrotinctum

圓形葉片連綴叢生，一般在夏季生長期時是鮮綠色的，但從秋季至冬季這段期間會變得紅通通的。成株之後，到了春天會伸出花莖，綻放黃色的花朵。

虹之玉錦
Sedum rubrotinctum cv.

「虹之玉」的錦斑品種，比較淡綠色，春季和秋季的乾燥期，紅色色調會加深。成株之後，會於春季開出乳白色的花朵。

香景天
Sedum suaveolens

雖然是景天屬一族，但蓮座狀的外形卻長得很像石蓮屬。莖不會長高，會從植株基部長出子株。

Sedeveria 屬

DATA

科　　名	景天科
原 產 地	交配屬
生 長 期	夏型
給　　水	春～秋季2週1次，冬季1個月1次
根　　粗	細根型
難 易 度	★☆☆☆☆

　　景天屬和石蓮屬的屬間交配種。其中有很多葉片比石蓮屬更厚，同樣以蓮座狀排列的品種。在栽培稍微困難的石蓮屬裡注入了景天屬的強健特性，兼具了石蓮屬的美麗外形和景天屬的堅強生命力，已陸續培育出許多栽種容易的品種。

梵法雷
Sedeveria 'Fanfare'

葉片呈蓮座狀排列，植莖會稍微往上生長。日照不足的話，會有徒長現象，所以充份的日照是很重要的。交配親本不詳。

樹冰
Sedeveria 'Soft Rime'

小型的 *Sedeveria* 屬，植莖很快就會向上長高至 10cm 左右，冬季時葉片會轉為粉紅色。「樹冰」是日本人取的名字，但是不清楚它的來歷。

未命名
Sedeveria 'Soft Rime' × *Sedum morganianum*

由日本培育出的品種，是「樹冰」和「玉綴」的交配種。葉色偏白，葉片前端有紅色葉尖。植株寬度約 3cm。

靜夜綴錦
Sedeveria 'Super Burro's Tail'

「靜夜綴」的錦斑品種，跟靜夜玉綴（*Sedeveria* 'Harry Butterfield'）很相似，但是照片這株比較大，莖也比較粗，不容易向旁邊傾倒是其特徵。寬度約 6cm。

黃亨伯特
Sedeveria 'Yellow Humbert'

有著長度 1～2cm 的紡錘狀多肉質葉片，強健的小型交配種，可養至高度 10～15cm。春季時會開 1cm 左右大小的鮮黃色花朵。

卷絹屬（長生草屬）
Sempervivum

DATA

科　　名	景天科
原 產 地	歐洲中南部的山區
生 長 期	冬型
給　　水	秋～春季1週1次，夏季1個月1次
根　　粗	細根型
難 易 度	★★☆☆☆

　　分布於歐洲到高加索、俄羅斯中部的山岳地帶，蓮座狀的多肉植物，約有40個已知的種。一直以來在歐洲就很受歡迎，有不少只收集這個屬來栽種的多肉玩家，因為雜交容易，所以市面上也推出了許多園藝品種。從小型到大型，色彩和形狀豐富多樣，充滿樂趣。在日本也被當作山野草流通。

　　在日本是當作冬型種來管理照料，原生於氣溫低的山區，極度耐寒，即使在寒冷地帶，一整年都能在戶外栽種。秋季至春季期間，請在通風良好、日照充足的地方進行管理。相反地，不耐暑熱，夏季要移至日陰處並控制給水量，使其休眠。

　　換土的最佳時間是初春，因為會從走莖增生子株，所以最好種在直徑較寬的盆器裡。把子株切下種植，很容易就能增生繁殖。

▍卷絹
Sempervivum arachnoideum

卷絹屬的代表種。隨著生長，會從葉片前端長出白絲覆蓋整體。兼具耐寒性和耐熱性，很容易栽種，即使是新手也不用擔心。

▍玉光
Sempervivum arenarium

原產於東阿爾卑斯的小型種。葉片上深紅和黃綠的對比色是其特徵，表面有絨毛纏繞著。群生株要特別注意夏天的通風狀況。

榮
Sempervivum calcareum 'Monstrosum'

圓桶狀的葉片呈放射狀展開，是卷絹屬裡比較
少見的型態。因個體差異，有的葉片紅色比例
較多，有的比較少。

百惠
Sempervivum ossetiense 'Odeity'

圓桶狀的細長葉片是其特徵，葉片前端呈現開
口的狀態，植株基部附近會長出小小的子株。

條紋錦
Sempervivum sp. f. *variegata*

原產於日本，能讓人感受到日式風情的長生草
屬，是葉片表面布滿白斑的類型。

綾絹的變種
Sempervivum tectorum var. *alubum*

已知有許多地域變異種，並有諸多改良品種誕
生，綾絹 *Sempervivum tectorum* 便是其中
一個變種。清新的淡綠色葉片前端被點綴了一
抹深紅。

綾椿
Sempervivum 'ayatsubaki'

小小葉片密生的小型卷絹屬，前端被染紅的綠色葉片十分美麗。隨著生長，會從植株基部長出子株，形成群生。

紅蓮華
Sempervivum 'Benirenge'

葉片前端鑲著紅邊十分搶眼。繁殖力旺盛，很容易增生子株，栽培也很容易。

紅夕月
Sempervivum 'Commancler'

有著顯眼的紅銅色葉片，非常美麗的品種。到了冬天，顏色會變得更加鮮艷。單一蓮座狀葉盤的直徑約 5cm，會增生子株形成群生。相對比較耐暑熱，體質強健。

瞪羚
Sempervivum 'Gazelle'

鮮艷的綠色和紅色葉片呈蓮座狀展開，整個被白色絨毛包覆。因為不耐高溫多濕，所以要特別注意群生株在夏天的生長狀況。

▌瞪羚（綴化）

▌*Sempervivum* 'Gazelle' f. *cristata*

從「瞪羚」的實生所產生的綴化品種。生長點產生變異，往旁邊擴展，紅色和綠色的葉子很美麗，頗具觀賞價值。管理方法跟普通的「瞪羚」一樣。

▌格拉那達

▌*Sempervivum* 'Granada'

在美國培育出來的品種。布滿絨毛的葉片被渲染了雅緻的紫色，醞釀出如玫瑰花般盛開的氛圍。

▌聖女貞德

▌*Sempervivum* 'Jeanne d'Arc'

綠褐色的中型種，從秋季到冬季期間，中央部位會變成酒紅色，素雅的葉色很適合種在古色古香的紅陶盆裡。

▌珍比利

▌*Sempervivum* 'Jyupilii'

小巧葉片緊密叢生的改良品種，會從植株基部延伸出的走莖上面長出子株的種類。

▍大紅卷絹
Sempervivum 'Ohbenimakiginu'

稍微大型的卷絹屬，葉片前端長著白色絨毛是
其特徵。夏季要避免陽光直射，最好置於通風
良好的明亮日陰處，並盡量保持涼爽。

▍樹莓冰
Sempervivum 'Raspberry Ice'

中型的卷絹屬，葉片上密生著細毛。夏天是綠
色的，但秋天到冬天會染上深紫紅色。

▍紅酋長
Sempervivum 'Redchief'

黑紫色葉片重疊，密集生長的中央部位，摻雜
著一點鮮綠的品種。有人拿來做為假山花園的
重點裝飾物。

▍麗人盃
Sempervivum 'Reijinhai'

小型蓮座狀葉盤密集叢生的園藝品種，葉片前
端染上的色彩相當鮮艷搶眼。

銀色融雪
Sempervivum 'Silver Thaw'

渾圓的蓮座狀葉盤是其特徵，小巧的個體連綴
排列，模樣相當可愛的卷絹屬，直徑約 3cm。

精靈
Sempervivum 'Sprite'

亮綠色的葉盤上覆蓋纖細絨毛的改良品種，會
長出走莖，陸續生出子株，形成群生。

立田鳳屬
Sinocrassula

DATA

科　　名	景天科
原 產 地	中國
生 長 期	夏型
給　　水	春～秋季 1 週 1 次，冬季 1 個月 1 次
根　　粗	細根型
難 易 度	★★☆☆☆

原產於中國的雲南省至喜馬拉雅地區，
約有 5～6 個已知種，景天屬的近緣多肉
植物。雖然比較為人熟知的是「四馬路」，
但其它還有「立田鳳」、「折鶴」等等有
著橘色、紫色葉片的品種，也值得賞玩。
屬於強健的多肉植物，能耐熱耐寒，順應
季節健康生長。

四馬路
Sinocrassula yunnanensis

原產於中國的多肉植物。長度約 1cm 的墨綠細
長葉片呈放射狀生長，模樣獨特。雖是冬型，
但是也能耐暑熱，夏季也能在溫室裡渡過。用
葉插法就能繁殖。

PART5

大戟科

大戟科分布於熱帶至溫帶地區，多達 2,000 個左右的已知種，日本也有大約 20 個原生種。被當作多肉植物來栽培的約有 400～500 種，主要是原產於非洲。大部分的種類都是植莖肥厚，長著如仙人掌般的外形，但是與仙人掌並沒有類緣關係。

大戟屬
Euphorbia

DATA

科　　名	大戟科
原 產 地	非洲、馬達加斯加
生 長 期	夏型
給　　水	春～秋季2週1次，冬季1個月1次
根　　粗	細根型
難 易 度	★☆☆☆☆

　　分布於熱帶至溫帶地區，多達 2,000 個左右的已知種。日本原生的野漆（*Euphorbia adenochlora*），以及聖誕節不可或缺的聖誕紅（*Euphorbia pulcherrima*）都屬於大戟屬。

　　據說有 500 種左右，被當作多肉植物栽培玩賞，主要原生地是在非洲等地。充滿魅力、個性化的外形，乃是因應各別環境所演變的結果。例如有跟球狀仙人掌很像的「晃玉」和「鐵甲丸」，類似柱狀仙人掌的「紅彩閣」，以及有著美麗花朵的「麒麟花」等等，種類豐富繁多。

　　生長的性質大致相同，生長期是春季至秋季的夏型，喜歡高溫和強光，夏天要在戶外栽培。耐寒性稍差，冬季溫度要保持在攝氏 5 度以上。春～秋季的生長期，要等盆土完全乾燥之後再充份給水。因為根部較虛弱，要避免頻繁換土。用芽插法就能繁殖，切口會流出乳狀汁液，徒手碰觸時要特別留心。

銅綠麒麟
Euphorbia aeruginosa

原產於南非的川斯瓦共和國。青磁色的莖幹上長著顯眼的紅色銳刺，須給予充足日照，株形會比較漂亮，開的是黃色小花。

鐵甲丸
Euphorbia bupleurifolia

長著如鳳梨般的外形。枝幹的凹凸是落葉造成的痕跡，是大戟屬裡需要較多給水量的種類。

棒麒麟
Euphorbia clavigera

原產於非洲東南部的莫三比克。枝幹上帶著圓形斑點狀的花紋，非常美麗。植株基部很發達，形成肥厚的塊狀根。

筒葉麒麟
Euphorbia cylindrifolia

原產於馬達加斯加，塊根性的花麒麟類。橫向生長的莖上長了小小的葉片，會開出略帶褐色，不起眼的粉紅色小花。

皺葉麒麟
Euphorbia decaryi

原產於馬達加斯加，擁有塊根的小型花麒麟類。葉片皺縮是其特徵，屬於栽培容易的種。可以透過分株進行繁殖。

蓬萊島
Euphorbia decidua

原產於非洲西南部的安哥拉，擁有球狀的塊根。會從生長點發出向四方延伸的細枝，長著大約3mm 左右的小刺。

▌紅彩閣
▌*Euphorbia enopla*

如柱狀仙人掌般的姿態，長著銳利的掌刺。日
照充足，掌刺的紅色會越發明顯，非常美麗。
性質強健，容易栽種，很適合入門者。

▌孔雀丸
▌*Euphorbia flanaganii*

原產於南非的開普省。會從中央塊莖狀的莖呈
放射狀長出側枝，側枝上雖然會生出小葉片，
但很快就掉落了。開的是黃色的小型花朵。

▌金輪際
▌*Euphorbia gorgonis*

原產於南非的東開普省。粗大的莖幹呈球狀，
如枝條般伸長的莖前端，長著小小的葉片，是
非常耐寒的大戟屬植物。

▌綠威麒麟
▌*Euphorbia greenwayii*

原產於非洲東南部的坦尚尼亞，有幾個不同的
型態，照片裡的這株是其中比較漂亮的。花朵
細小，帶著紅色。照片這株約 25cm 高。

旋風麒麟
Euphorbia groenewaldii

原產於南非的川斯瓦共和國。植株基部變成粗大的塊根狀，分枝呈放射狀生長，分枝上有刺。

裸萼大戟錦
Euphorbia gymnocalycioides f. variegate

原產於衣索比亞。跟仙人掌的裸萼球屬很相似，所以被取了這個名字。照片是少見帶有黃斑的錦斑品種，被嫁接在三角霸王鞭上。

魁偉玉
Euphorbia horrida

原生於南非南部的乾燥岩石地帶，有很多種，照片這株是特白的種，小型又是白色，很有人氣。到了夏天，會綻放黃綠色的小花。

魁偉玉（石化）
Euphorbia horrida f. monstrosa

魁偉玉的石化種。石化是指生長點從一個變成多個，形成瘤狀突起，跟綴化是不一樣的。

▍白化帝錦
Euphorbia lactea 'White Ghost'

是帝錦的白化品種。新芽是漂亮的粉紅色，莖面幾乎全部是乳白色。可長至約 1 公尺高，生命力強，冬天置於攝氏 3 ～ 5 度的室內，就能健康成長。

▍白銀珊瑚
Euphorbia leucodendron

原產於非洲南部至東部，以及馬達加斯加的大戟屬。莖是細圓柱狀，沒有刺，枝條分叉往上延伸，春天時會在分枝前端綻放小型花朵。

▍白銀珊瑚（綴化）
Euphorbia leucodendron f. *cristata*

白銀珊瑚的綴化種。有時會因為返祖現象而長出細枝，可把細枝切除，保持綴化的模樣讓它繼續生長。照片這株寬度約 10cm。

▍白樺麒麟
Euphorbia mammillaris f. *variegata*

這 是 原 產 於 南 非 的 玉 麟 鳳（*Euphorbia mammillaris*），色素褪去，變成偏白色的錦斑品種，秋天至冬天會染上淡淡的紫色。冬天時要置於室內照料管理。

多寶塔
Euphorbia melanohydrata

原產於南非，十分稀少，照片這株高約 10cm，
生長非常緩慢，據說跟 40 年前相比，模樣幾乎
沒變。冬季要控制給水量。

怒龍頭
Euphorbia micracantha

原產於南非的東開普省。多肉質的莖和上面
的刺充滿魅力，塊根性的多肉植物，照片這株
尚未完全長大，持續生長的話，塊根厚度可達
10cm，長度可達 40cm。

麒麟花
Euphorbia milii

原產於馬達加斯加，尚未演進至多肉質化的大戟
屬。花很漂亮，有多種花色，有人把它當成盆花
在販售。持續生長的話，可長至約 50cm 高。

晃玉
Euphorbia obesa

渾圓的模樣好像球狀仙人掌，球體上有美麗的
橫條花紋。會在上下縱向的稜上面長出小小的
子株，取下子株就能進行繁殖。

▌瓶幹麒麟
▌*Euphorbia pachypodioides*

原產於馬達加斯加的稀少種。粗壯的莖向上生長，頂端生出略為大型的葉片，莖幹上面有細小的刺。照片這株約 20cm 高。

▌魔界之島
▌*Euphorbia persistens*

原生地為非洲東南部的莫三比克，地面下長著粗壯的莖，地面上伸出許多分枝，分枝表皮為綠色，帶著深綠色的花紋。這株約 15cm 高。

▌單刺麒麟
▌*Euphorbia poisonii*

原生地為奈及利亞。粗壯的莖頂端長著鮮綠色的多肉質葉片。會從葉腋長出腋芽，在切除腋芽時要小心不要觸碰到樹液。高度約 30cm。

▌春駒
▌*Euphorbia pseudocactus* ‘Lyttoniana’

原產於南非。如柱狀仙人掌般的姿態，莖上幾乎無刺，延伸出很多分枝。適度地修剪分枝，可保持漂亮的樹形。高度約 25cm 左右。

笹蟹丸
Euphorbia pulvinata

會從基部生出許多粗大莖幹，形成群生，並長出許多葉片，葉片長時間都不會掉落。據說是交配種，但是細部資料不詳。照片這株高度約20cm。

四體大戟
Euphorbia quartziticola

原產於馬達加斯加。一年只會生長約5mm，進入秋季時，葉片會掉落，要栽種於日照良好的地方，冬季時要控制給水量。照片這株高度約8cm。

皺花麒麟
Euphorbia rugosiflora

分布於辛巴威的砂礫地等區域，呈細長柱狀的大戟屬。莖上面長了許多刺，靠近地面的基部經常分叉，形成群生。

鬥牛角
Euphorbia schoenlandii

原產於南非，粗大的刺是其特徵。類似的種有「歡喜天」，但是鬥牛角的刺更硬，莖身可長成粗柱狀。

▌奇怪島
▌*Euphorbia squarrosa*

原產於南非的東開普省。有著蕪菁狀的粗大塊根，會從頂部呈放射狀長出扭曲的枝條，開的是黃色小花。照片這株約 20cm 寬。

▌飛龍
▌*Euphorbia stellate*

原產於南非的東開普省。莖基部肥厚粗大，由頂端冒出粗莖並延伸，根也會變粗伸長。冬季時要置於溫暖的場所，並給予極少的水量，以助其過冬。

▌銀角珊瑚
▌*Euphorbia stenoclada*

原產於馬達加斯加。會長至 1 公尺以上的大型種，全身布滿尖刺，偶爾修剪分枝，就能維持類似這樣的外形姿態。照片這株約 40cm 高。

▌琉璃晃
▌*Euphorbia suzannae*

原產於南非的東開普省，表面有許多突起的球形大戟屬。喜好陽光，若日照不足會有徒長現象，而無法維持球形的姿態，要特別注意。

子吹新月
Euphorbia symmetrica

原產於南非，跟晃玉（229 頁）相似，但是晃玉植株會縱向長高，神玉則是呈圓形橫向發展。照片這株長了許多子球，整體寬度約 10cm。

綠珊瑚
Euphorbia tirucalli

原生於南非西南部，又叫白乳木（milk bush），這是因為植株若有斷口，會流出乳白色汁液。生長期時會在分前端長出小葉片，但很快就會脫落。

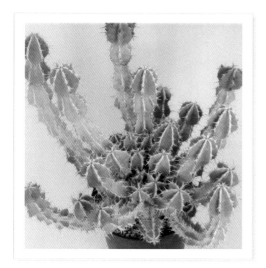

弁財天
Euphorbia venenata

很早以前就引進日本，原產於奈米比亞的大戟屬。擁有稜的莖延伸生長，並長出許多尖刺，據說在原生地，可往上生長至高度近 3 公尺。

峨眉山
Euphorbia 'Gabizan'

日本培育出的交配種。喜歡日照和通風良好的場所，盛夏若陽光直射，會導致葉燒現象，要特別留心。不耐寒，所以冬季要移至室內管理。

PART 6
其它多肉植物

沒包含在 Part 1 ～ 5 的多肉植物將在這裡進行介紹。例如已
存在 1 億年以上，至今外形都沒太大改變的蘇鐵類家族和二
葉樹屬，還有生長期時會生出分枝並長出葉片，但休眠期就
落葉的塊莖植物，以及如綠寶石般的千里光屬等等，各式各
樣的種類和外形，獨具個性的多肉植物多不勝數。

蘇鐵屬

Cycas

DATA

科　名	蘇鐵科
原產地	亞洲、澳洲、非洲
生長期	夏型
給　水	春秋季1週1次，夏季1週2次，冬季2週1次
根　粗	細根型
難易度	★★☆☆☆

　　分布於亞洲、澳洲、非洲等地，約有20個已知種的裸子植物，在日本的九州南部亦有原生的蘇鐵。栽種遍及日本各地，肉質的莖極少分叉，大型蘇鐵的高度可達15公尺，莖的頂端會長出許多如蕨類植物般的羽狀複葉，雌雄異株。

蘇鐵
Cycas revoluta

原產於日本。九州南部和沖繩原生的灌木，莖部粗大，頂端會長出許多葉子，可長至數公尺高。日本關東以西，被當做庭園植物栽種。

非洲蘇鐵屬

Encephalartos

DATA

科　名	蘇鐵科
原產地	非洲
生長期	夏型
給　水	春秋季1週1次，夏季1週2次，冬季2週1次
根　粗	細根型
難易度	★★☆☆☆

　　原生於在非洲南部，約有30個已知種，也有人把它歸類於鳳尾蘇鐵科。樹高從數十公分至數公尺都有，有的種地下有塊莖，地面上只有長葉子，且葉片前端呈尖銳狀。冬季最低要保持在攝氏5度以上。

姬鬼蘇鐵
Encephalartos horridus

原產於南非的蘇鐵科植物，葉片上覆蓋著青白色細粉。其特徵是小型葉片的前端呈尖狀，植株長大後，小葉片會分成2～3片。

鳳尾蘇鐵屬
Zamia

DATA

科 名	鳳尾蘇鐵科
原 產 地	北美洲～中美洲
生 長 期	夏型
給 水	春秋季1週1次，夏季1週2次，冬季2週1次
根 粗	細根型
難 易 度	★★☆☆☆

　　分布於美洲的熱帶至溫帶地區，約有40個已知種，蘇鐵類家族的一員，以前歸屬於蘇鐵科，現在被稱為鳳尾蘇鐵科。相較於蘇鐵科，比較小型，生長也比較慢，可以做為盆栽植物賞玩。因為不耐寒，冬季要置於室內照料。

▌鳳尾蘇鐵
Zamia furfuracea

原產於墨西哥，又名美葉蘇鐵。塊莖粗大，頂端會長葉子，冬季溫度要在5度以上比較保險。在石垣島有發現生長於地面的巨型植株。

二葉樹屬
Welwitschia

DATA

科 名	二葉樹科
原 產 地	非洲南部
生 長 期	春秋型
給 水	一整年都不能處於乾燥狀態
根 粗	粗根型
難 易 度	★★★★★

　　原生於非洲的納米比沙漠，1科1屬1種，極其珍貴的植物，日本取了「奇想天外」這個名字。莖會延伸深入地下，莖的前端會生出一對向外延伸的長形葉片。生長極慢，但也因此很長壽。在原生地，據說有超過2,000歲的大型植株。

▌奇想天外
Welwitschia mirabilis

原產於非洲的納米比沙漠，1科1屬1種的珍稀植物。莖或根會往地下伸長，莖的前端終生只會長2片不斷生長延伸的葉片。照片裡的葉片長約為1公尺。

椒草屬
Peperomia

DATA

科　　名	胡椒科
原 產 地	中南美洲
生 長 期	冬型
給　　水	春秋季1週1次，夏季1個月1次，冬季2週1次
根　　粗	細根型
難 易 度	★★★☆☆

　　分布區域以南美洲為主，包含了1,500個以上已知種的大屬，少部分產自非洲地區。胡椒科植物，「*Peperomia*」這個屬名，代表與胡椒「Pepper」相似的意思。

　　很多種是附生在森林裡的樹木等植物上面的小型植物。裡面一部分是拿來做為觀葉植物，也有的葉片肉質肥厚，可做為多肉植物栽培。有的擁有透明葉窗，有的葉片帶著紅色，植株小巧，很適合放在窗邊等地方，享受栽種樂趣。

　　莖的前端會延伸出長長的花莖，雖然會開很多花，但是花朵極小，不太適合做為觀賞的對象。

　　不耐潮濕悶熱，因此要以冬型的方式進行管理。夏季要置於通風良好的日陰處，給水的次數也要減少；春季和秋季須置於室外日照充足的地方；冬季則要在有日照的室內，最低溫度要維持在攝氏5度以上。可用扦插法進行繁殖。

▌糙葉椒草
Peperomia asperula

產自秘魯，具群生性，植株會往上長高。與「*Peperomia nivalis*」雪椒草（240頁）很相似，但是比較大型，可長高至20cm左右。

▌塔椒草
Peperomia columella

原產於秘魯，極小型的椒草屬。莖會直立向上生長，肉質化的小型葉片重疊聚生，模樣相當可愛。照片這株的高度約10cm。

科克椒草
Peperomia cookiana

產自夏威夷,長著圓形小葉片的椒草屬植物。
植株長高至一個程度,會往旁邊傾倒,呈灌木
狀叢生。

刀葉椒草
Peperomia ferreyrae

原產地為秘魯,稍微大型的木立性椒草屬。細
長的葉子為其特徵,會長出許多分枝,可長至
大約 30cm 高。

紅椒草
Peperomia graveolens

原產於秘魯的椒草屬植物。莖和葉片背面帶著
深紅色。秋季至春季若日照充足,紅色會變得
更加漂亮。

絨葉椒草
Peperomia incana

產自巴西的大型椒草屬。莖粗大,株型高,有
著大大的圓形葉片。照片這株的高度約 30cm。

▍史特勞椒草
▍*Peperomia strawii*

從基部伸出很多莖，形成群生，並長出許多黃綠色的細長葉片。照片這株的高度約 10cm。

▍雪椒草
▍*Peperomia nivalis*

原生於秘魯的雪椒草，葉片肥厚呈半透明，觸碰的話，會發出好聞的香氣。夏季要置於涼快的半日陰處，冬季溫度要保持在攝氏 5 度以上。

▍白脈椒草
▍*Peperomia tetragona*

原產於玻利維亞、厄瓜多、秘魯等國的安地斯山脈地區。葉片上有線狀條紋，是椒草屬裡特別漂亮的種，大型葉片的寬度可長至 5cm 左右。

▍紅蘋果椒草
▍*Peperomia rubella*

產自美洲熱帶地區，小型葉片的背面為紅色，莖亦為紅色，是小型的椒草屬。會長出許多分枝，如地毯般蔓延叢生。

細穗椒草
Peperomia blanda var. *leptostachya*

分布區域遍及非洲至東南亞、玻里尼西亞一帶。
紅莖上面長著約 2cm 大小的葉片。莖枝柔軟，
橫向蔓生。

吹雪之松屬
Anacampseros

DATA

科　　名	馬齒莧科
原 產 地	南非
生 長 期	春秋型
給　　水	春秋季 1 週 1 次，夏冬季 3 週 1 次
根　　粗	細根型
難 易 度	★★★☆☆

　　馬齒莧科的多肉植物。大部分是小型種，
生長也不快，算是能耐寒和耐熱，但是無
法耐受夏季潮濕。夏季栽培的重點，就是
務必保持通風良好，除了盛夏和嚴冬之外，
其它時候，等盆土完全乾燥之後再澆足量
的水即可。

林伯群蠶
Anacampseros lubbersii

直徑 5mm 左右的球形葉，好像一串串的葡萄。
夏季時花莖會伸長，開出粉紅色的花，可以自
花授粉結果產生種子，有時掉落的種子還會發
芽。

吹雪之松錦
Anacampseros rufescens f. *variegate*

鮮艷粉紅色和黃色的漸層非常美麗，葉片之
間會長出絨毛是其特徵。以前流通的植株，斑
比較黯淡，但這株的斑卻很清楚鮮明。寬度約
3cm。

樹馬齒莧屬
Portulacaria

DATA

科　　名	馬齒莧科
原 產 地	全球的熱帶～溫帶地區
生 長 期	夏型
給　　水	春～秋季1週1次，冬季1個月1次
根　　粗	細根型
難 易 度	★★☆☆☆

　表面有光澤的圓形小葉，模樣可愛的多肉植物。生長期是夏季，具耐暑性，春季至秋季可置於日照充足的戶外進行管理。相反地，耐寒性差，冬季要移至室內照料。春天時可剪取枝條施行扦插繁殖，換土的最佳季節也是春天。

▌雅樂之舞
Portulacaria afra var. *variegate*

長著無數鑲著粉紅邊的淡色葉片。進入氣溫下降的秋季，葉片的紅色會加深。生長期是夏季，只需在酷暑期進行遮光管理，就能順利生長。

白鹿屬
Ceraria

DATA

科　　名	馬齒莧科
原 產 地	南非、納米比亞
生 長 期	夏型
給　　水	春～秋季1週1次，冬季1個月1次
根　　粗	細根型
難 易 度	★★★★☆

　產自南非和納米比亞，約有10個已知種。有的是落葉性和半落葉性的灌木植物，有的是細莖會延伸生長，上面長著多肉質葉片的類型，其中也有莖部粗大肥厚的塊莖植物。生長期是夏型，大部分屬於栽種困難的種。

▌白鹿
Ceraria namaquensis

原產於非洲西南部，白色植莖上長著如豆子般的小葉，莖身直立往上生長，栽種較為困難。大戟屬裡面有一個名叫「*Euphorbia namaquensis*」的品種，其種名與它相同。

刺戟木屬
Didierea

亞龍木屬
Alluaudia

　都是龍樹科／棘針樹科（*Didiereaceae*）的灌木植物，馬達加斯加島的特有種。刺戟木屬裡有 2 個種，屬於夏型，高溫時生長。亞龍木屬也是夏型的強健種，擁有 6 個種。兩者的莖都呈樹木狀，並會發出長刺，每年會從刺的根部長出新的葉子。

▌金棒之木
Didierea madagascariensis

銀灰色的莖幹上，長著綠色細長的葉子和白色的刺，十分珍貴。在原生地，莖的直徑可長至 40cm，高度可達 6m。照片這株的高度約 30cm。

▌魔針地獄／長刺二葉金棒
Alluaudia montagnacii

粗壯的莖上面，圓葉和長刺密生，葉子直接從莖幹裡長出來，呈縱向排列。跟同屬的太二葉金棒很像，但葉和刺排列得比較整齊縝密。

▌太二葉金棒
Alluaudia ascendens

跟魔針地獄相比，刺比較短，葉子比較像心形。在原生地可長成大樹，當成建材使用。即使入冬也不會落葉。照片這株的高度約 30cm。

沙漠玫瑰屬
Adenium

DATA

科　　名	夾竹桃科
原 產 地	阿拉伯半島～非洲
生 長 期	夏型
給　　水	春～秋季 1 週 1 次，冬季斷水
根　　粗	細根型
難 易 度	★★☆☆☆

　　分布於阿拉伯半島，東非、納米比亞，約有 15 個已知種的大型塊莖植物。基部肥大，會開美麗的花朵，所以也是為人熟悉的觀花樹木。全部的種都屬熱帶性，所以不耐寒，冬季要斷水，溫度要維持在攝氏 10 度以上。

沙漠玫瑰
Adenium obesum var. multiflorum

原產於阿拉伯半島，東非、納米比亞等地，莖的基部肥大。冬季溫度若在 8 度以下會落葉，但只要在 5 度以上就能越冬。照片這株是比較小型的變種。

吊燈花屬（蠟泉花屬）
Ceropegia

DATA

科　　名	夾竹桃科（蘿藦科）
原 產 地	南非、熱帶亞洲
生 長 期	春秋型
給　　水	春秋季 1 週 1 次，夏冬季 3 週 1 次
根　　粗	塊根型
難 易 度	★★★☆☆

　　大多數都擁有蔓狀或棒狀莖，各式型態相異其趣。代表種是有著心形葉片，蔓性的愛之蔓。細長葉子的綠暴雨（*Ceropegia debilis*）也是同屬。蔓性生長很適合作為吊盆欣賞。生長期為春季和秋季，請於通風和日照良好的地方進行管理。

愛之蔓
Ceropegia woodii

蔓性延伸的莖上面長了許多心形的葉片，可用吊盆種植。冬季要置於不會凍傷的場所。用扦插、分株或是用莖上面長出來的子球都可以繁殖。

龍角屬

Huernia

DATA

科　　名	夾竹桃科（蘿藦科）
原 產 地	非洲～阿拉伯半島
生 長 期	夏型
給　　水	春～秋季 2 週 1 次，冬季 1 個月 1 次
根　　粗	細根型
難 易 度	★★☆☆☆

　　分布於南非、衣索比亞至阿拉伯半島，約有 50 個原生種。莖部肥大，有點凹凸不平的感覺，會從莖上面直接長出 5 瓣的多肉質花朵。利用蒼蠅做為授粉的媒介，所以有的種會散發不好聞的味道。偏好照光較少的環境，所以適合室內栽種。冬季須於室內照料管理。

▌蛾角
▌*Huernia brevirostris*

原產於南非的開普省。高度約 5cm 的莖緊密聚生，夏天時會開 5 瓣的黃色花朵，花的表面布滿許多細微的斑點。

▌阿修羅
▌*Huernia pillansii*

產自南非，被細刺覆蓋全身的莖約 4cm 高，刺很柔軟，所以碰觸到也不會痛。夏季時會開黃褐色的花。

▌縞馬
▌*Huernia zebrina*

4 ～ 7 角的柱狀莖上面沒有長葉子，會開直徑 2 ～ 3cm 的五角形花朵。栽培不算困難，稍微不耐日照。

棒錘樹屬
Pachypodium

DATA

科　　名	夾竹桃科
原 產 地	馬達加斯加、非洲
生 長 期	夏型
給　　水	春～秋季 2 週 1 次，冬季斷水
根　　粗	細根型
難 易 度	★★☆☆☆

　　擁有肥大莖部的「塊莖植物」的代表。馬達加斯加和非洲約有 25 個原生種，其中多達 20 種都是來自馬達加斯加。據說在原生地，有的種其粗大的莖部可延伸生長至 10 公尺高。

　　多肉質的莖被許多刺所覆蓋。有的種類莖會縱向生長變成大型植株，有些則是圓圓胖胖的模樣，型態多樣，饒富趣味。花也很美，會開紅色或是黃色的花朵。

　　春季至秋季為生長期，必須置於日照良好的戶外栽種。通風良好是很重要的栽培條件。「惠比壽笑」等種因不耐熱，要在涼爽的場所進行管理。冬季要在室內管理並斷水。請注意不要讓溫度低於攝氏 5 度以下，尤其是那些特別不耐寒的種類，10 度以上的溫度是必要條件。

　　最佳的換土季節是春季。雖然可用播種繁殖，但有很多似乎不太容易結種子。

▌巴氏棒錘樹
Pachypodium baronii

產自馬達加斯加，莖的基部渾圓的塊莖植物。橢圓形的葉片帶有光澤，會開 3cm 左右的紅花。照片這株約 30cm 寬。

▌惠比壽笑
Pachypodium brevicaule

原產於馬達加斯加，扁平的塊莖形狀漂亮，相當有人氣，花是檸檬黃的顏色。不耐寒，所以溫度要維持在攝氏 7 度以上。對於潮濕悶熱的耐受性也不好。照片這株約 15cm 寬。

惠比壽大黑
Pachypodium densicaule

利用惠比壽笑和體質較強健的 *Pachypodium horombense* 交配出來，目的是為了培育比較強健的種苗。照片這株約 20cm 寬。

亞阿相界
Pachypodium geayi

產自馬達加斯加，細長的葉子是其特徵，乾燥時葉片會掉落，因此生長期時須注意不能斷水。「亞阿相界」是沿用日本名稱。

非洲霸王樹
Pachypodium lamerei

產自馬達加斯加，莖身長了很多刺，頂端的葉片向外展開，跟亞阿相界很像，但是葉片較寬，背面沒有細毛。照片這株寬約 80cm。

無刺非洲霸王樹
Pachypodium lamerei

沒有長刺的非洲霸王樹，看起來有種美中不足的感覺，但是好照顧是它的優點。

席巴女王玉櫛
Pachypodium densiflorum

原產於馬達加斯加，莖上面長了很多刺，基部
肥大，會長成樹木狀，花為黃色。在原生地，
高度和寬度可長至 1 公尺。照片這株的高度約
30cm。

光堂
Pachypodium namaquanum

產自非洲西南部，在原生地可長成大樹，但在
日本因生長期不穩定，所以是有名的栽種困難。
照片這株的高度約 50cm，一般是不太會有分枝
現象。

象牙之宮
Pachypodium rosulatum var. gracilius

是原產於馬達加斯加的 *Pachypodium
rosulatum* 的變種。多刺的多肉質莖部往上延
伸，可長至高度約 30cm。春天時會開黃色的花
朵。冬季溫度要保持在攝氏 5 度以上。

天馬空
Pachypodium succulentum

產自南非，從圓形的肥厚莖部長出呈放射狀展
開的細枝，長成頗具趣味的樹形，照片這株的
高度約 40cm。

擬蹄玉屬
Pseudolithos

魔星花屬
Stapelia

佛頭玉屬
Trichocaulon

　　三者都是夾竹桃科（蘿藦科）的多肉植物。擬蹄玉屬分布於東非至阿拉伯半島一帶，約有 7 個已知種。魔星花屬主要產於南非，約有 50 個已知的種，亞洲和中南美洲亦有分布。佛頭玉屬又有人稱它為麗盃閣屬（*Hoodia*），在非洲南部有數十個為人所知的種。

▍哈拉德擬蹄玉
Pseudolithos harardheranus

產自索馬利亞，跟同屬的球型擬蹄玉（*Pseudolithos sphaericum*）非常相似，但是花是從莖的基部長出來，球型擬蹄玉則是從莖的中段部位長出。

▍紫水角
Stapelia olivacea

原產於南非。會從根際處長出許多莖，形成群生，強烈光線下會變成美麗的紫色，開的是直徑 4cm 左右的紫色星形花朵。照片這株高度約 20cm。

▍佛頭玉
Trichocaulon cactiformis

產自納米比亞，跟擬蹄玉屬裡的種很相似，差異在於它的花是頂生。開的是帶有花紋的小型星形花朵。照片這株約 7cm 寬。

千里光屬
Senecio

DATA

科　　名	菊科
原 產 地	非洲西南部、印度、墨西哥
生 長 期	春秋型
給　　水	春～秋季1週1次，冬季3週1次
根　　粗	細根型
難 易 度	★★☆☆☆

　　菊科的千里光屬分布遍及全球，是包含1,500～2,000個種的大屬。常見的黃苑或是銀葉菊都是千里光屬的一員。其中有幾個產自南非等地的多肉植物，有人將之歸類為 *Curio* 屬。千里光屬成員的姿態相當多樣化，不管是圓形玉珠串連垂墜的綠之鈴，或是葉片像箭頭的馬賽的矢尻，各異其趣的獨特外形深具魅力。

　　千里光屬雖然大多是在春季和秋季生長，但耐寒性和耐暑性很好，屬於容易栽種的多肉植物。根部不喜歡極度乾燥，因此即使是夏季或冬季的休眠期，也不要讓根部處於過度乾燥的狀態。換土時也要注意，避免讓根部過度乾燥。平時要置於日照良好之處，不要讓其發生徒長現象是栽培重點。繁殖期在春天。會有長長藤蔓延伸的綠之鈴等種類，不要剪斷藤蔓，直接插枝在裝了培養介質的盆器裡，就會開始發根。莖會延伸的種類，也可以用插枝法。

美空鉾
Senecio antandroi

產自馬達加斯加，密生著被白粉覆蓋的青綠色細長葉子。若給水過多，葉片會呈現外擴現象，株形會變得凌亂不漂亮。適合換土的季節是春季～初夏。

白壽樂
Senecio citriformis

原產於南非，細細的植莖呈直線延伸生長，上面長了許多前端尖狀如水滴般的葉片。葉子覆蓋了一層薄薄的白粉，透過扦插法就可繁殖。

▍福雷利
▍*Senecio fulleri*

分布於非洲北部至阿拉伯半島一帶，多肉質的
莖上面長著 1～5cm 長的葉子，開的是橘色花
朵。照片這株約 20cm 高。

▍駿鷹
▍*Senecio hallianus* 'Hippogriff'

原產於南非，細長的莖上面長了許多紡錘狀的
葉子。屬於容易栽培的強健種，莖部會長出根，
將這些根切下來種植，很快就會長出小苗。

▍銀月
▍*Senecio haworthii*

原產於南非。被白色絨毛包裹的紡錘狀葉子十
分美麗，於春天綻放黃色花朵。不耐夏季暑熱，
所以應避免陽光直射，要置於通風良好的場所，
並保持稍微乾燥的狀態。

▍希伯丁吉
▍*Senecio hebdingi*

產自馬達加斯加。從地面長出數根多肉質莖，
擁有奇特外形的千里光屬。莖的前端會長出小
葉子，用莖插或分株就可以繁殖。

▍馬賽的矢尻
▍*Senecio kleiniiformis*

原產於南非。獨特的葉片形狀有如箭頭一般，是很有趣的中型種。雖然喜歡陽光，但是盛夏時還是置於半日陰處，避免陽光直射會比較好。

▍綠之鈴
▍*Senecio rowleyanus*

球形葉片連綴往下垂墜生長，很適合作為吊盆植物觀賞。夏季要避免陽光直射，最好置於日陰處管理。

▍新月
▍*Senecio scaposus*

原產於南非。長了許多被白色絨毛覆蓋的棒狀葉片。雖然是在冷涼期生長，但生長期也要避免過度給水，請在日照和通風良好的地方栽種。

▍平葉新月
▍*Senecio scaposus* var. *caulescens*

「新月」的變種。葉片比較寬而扁平，群生株的姿態較為優雅，種植的方法跟新月一樣。

萬寶
Senecio serpens

產自南非的小型千里光屬。伸長至 10cm 左右的短莖上面長了許多帶白粉的圓筒狀青綠色葉片，形成群生。照片這株高度約 10cm。

大銀月
Senecio talonoides

原產於南非，比「銀月」更大型，葉片比較長，莖也比較長，開的是黃白色花朵。照片這株高度約 20cm。

厚敦菊屬
Othonna

DATA

科　名	菊科
原產地	非洲
生長期	冬型
給　水	秋～春季 2 週 1 次，夏季 1 個月 1 次
根　粗	細根型
難易度	★★★☆☆

　　主要的原生地在非洲西南部，約有 40 個種棲息於此。莖部變成肥厚塊狀莖的塊莖植物類較受人歡迎。從秋季至冬季，長長花柄前端會開花。有很多在夏季時，葉片會掉光進入休眠期，此時要完全斷水並置於涼爽的日陰處。然而，常見的黃花新月（*Othonna capensis*）就沒有塊狀莖，夏季也不會掉葉子。

紫月
Othonna capensis 'Ruby Necklace'

原產於南非。到了葉色轉變的季節時，葉子會染上紅紫色，所以被取了這個名字。黃色的花也很漂亮。日本關東地方可以在戶外過冬。葉片長度約 2cm。

【其它的塊莖植物】

薯蕷屬	葡萄甕屬	粗根樹屬	蓋果漆屬
Dioscorea	*Cyphostemma*	*Cussonia*	*Operculicarya*

蒴蓮屬	木棉屬	琉桑屬（臭桑）	福桂樹屬
Adenia	*Bombax*	*Dorstenia*	*Fouquieria*

植株基部或莖部肥大的植物稱為「塊莖植物」，在歐美稱之為盆景多肉植物「Bonsai succulents」，栽種遍及全世界。

薯蕷屬分布於全世界，約有600個種，是薯蕷科下面的一個大屬。其中有幾種被當作塊莖植物來賞玩。蒴蓮屬是西番蓮科下的一個屬，分布地區從非洲至東南亞，約有100個種為人所知。葡萄甕屬是葡萄科，原產於非洲、馬達加斯加，約有250個種，以前被歸類於白粉藤屬（*Cissus*）。木棉屬和猢猻樹屬都是木棉科，以熱帶亞洲為主，分布區域遍及非洲和澳洲。粗根樹屬是五加科，分布於非洲中部至馬達加斯加，約有20個種。琉桑屬是桑科下的一屬，在南亞約有100個種，蓋果漆屬是漆樹科，在馬達加斯加等地約有5個種。福桂樹屬原產於墨西哥等地，約有10個已知種，是福桂樹科的塊莖植物。

▍龜甲龍
Dioscorea elephantipes

雖然也有原產於墨西哥的「墨西哥龜甲龍」，但照片這株是產自非洲的「龜甲龍」。秋季至春季這段生長期會長出葉子。寬度約20cm。

▍幻蝶蔓
Adenia glauca

原產於南非熱帶草原氣候區的多岩石地帶。春天會從莖的前端伸出藤狀細枝，長出許多分成5片的葉子，秋天時會落葉。冬季時環境溫度要維持在攝氏8度以上。

刺腺蔓
Adenia spinosa

原產於南非，據說在原生地塊莖直徑可達 2 公尺，比幻蝶蔓生長速度更慢，會從根莖處伸出帶刺的藤狀細枝。花為黃色。

柯氏葡萄甕
Cyphostemma currorii

產自非洲中南部，粗大的莖部前端長出幾片葉子，休眠期時會落葉。照片這株雖只有 50cm 高，但據說在原生地，可長至 1.8 公尺寬，7 公尺高。

足球樹
Bombax sp.

跟猢猻樹屬、中美木棉屬等等都是木棉科植物。以熱帶亞洲為中心，分布區域十分廣泛。從實生苗階段開始就反覆修剪，讓植株長成球狀。

祖魯粗根樹
Cussonia zuluensis

產自南非，八角金盤的近緣種。長著與八角金盤相似的掌狀葉片，莖的基部膨大，株齡較老的植株，枝條會分叉延伸。

▌臭桑
Dorstenia foetida

原產於非洲東部至阿拉伯半島一帶。屬於小型
植物,即使在原生地也只有 30 ～ 40cm,在日
本只能長到 20cm 左右。夏季時會開出形狀奇
特的花朵。

▌巨琉桑
Dorstenia gigas

產自印度洋索科特拉島的稀少種,據說在原生
地可長至 3 公尺高。不太耐寒,冬季時要保持
在攝氏 15 度以上會比較保險。

▌粗腿蓋果漆
Operculicarya pachypus

原產於馬達加斯加的塊莖植物,可長至 1 公尺
左右。夏季時會從塊莖伸出細枝,並長出葉子,
入秋葉片會變色,冬季時落葉。

▌簇生刺樹／簇生福桂樹
Fouquieria fasciculata

原生於墨西哥南部極狹小區域的稀少種,生長
速度非常緩慢。據說樹齡數百年的植株,只有
數十公分寬,高度也才數公尺。秋季時葉片會
變色,而且會落葉。

PART7

栽培的基本知識

仙人掌和多肉植物雖然給人非常耐乾燥，生命力旺盛的印象，但若栽培管理不當，也是會枯萎的。栽培的重點就在於給水的方式，必須了解那個種類的特性，並針對其特性給予適當的水量。有的種類甚至可以長達三個月都不用給水。這裡將針對換土以及播種方法等相關知識進行解說。

夏型種的栽培方法

　　夏型種是於春夏秋季期間生長，冬季期間休眠的類型，有很多熱帶性的多肉植物都屬於夏型種。跟一般草花植物的生長模式相似，所以即便是初次種植，也不太容易失敗。裡面有不少生命力旺盛的種類，像是仙人掌家族、景天屬、伽藍菜屬、青鎖龍屬的其中一部分，以及園藝中心等地方常見的種，很多都是夏型種。

　　雖然是夏型種，但是也有像景天屬裡的虹之玉或蘆薈家族等等，非常耐寒的類型，即使冬季置於室外也沒有關係，相反地，也有些種類不耐夏季的高溫多濕。

夏型的多肉植物

● 獨尾草科、天門冬科（百合科）
蘆薈屬、臥牛屬、龍舌蘭屬等等

● 鳳梨科
空氣鳳梨屬、沙漠鳳梨屬等等

● 仙人掌科
星球屬、裸萼球屬、疣仙人掌屬等等

● 番杏科
秋鉾屬、雷童屬等等

● 景天科
景天屬、月美人屬、風車草屬、青鎖龍屬、伽藍菜屬、銀波錦屬等

● 大戟科 大戟屬

● 其它科
馬齒莧屬、棒錘樹屬、龍角屬等等

從左至右，蘆薈屬、臥牛屬、龍舌蘭屬、星球屬（仙人掌）

從左至右，銀波錦屬、風車草屬、月美人屬、大戟屬

四季栽培要領

春季到秋季需要充份的日照以及足夠的水量，使其順利生長。低溫期會停止生長（休眠），所以冬季要斷水，或是給予極少的水量。有的種類在盛夏時要遮光管理，並保持稍微乾燥會比較好。

 春季的管理 （3～5月）	**日照要充足。1週給水1次** 　很多種類從春季開始生長。放在日照和通風良好的屋簷下等等地方，讓其接受充份的日照。很多仙人掌家族的開花期是春季。 　給水時要給到水從盆器底部流出的程度。下一次要等盆土表面乾燥的2～3天後，盆內確實乾燥時才給水。盆器的大小和放置的場所可能會有影響，但原則上大概是1週給水1次。 　基本上不太需要施肥，若想施肥的話，5～7月是比較適當的時候。1個月施予1次依建議比例稀釋的液肥。

 夏季的管理 （6～8月）	**不要淋雨。避免強烈陽光照射** 　置於日照和通風良好的屋簷下等等地方。通風不良的話，會導致潮濕腐爛，要特別注意。不耐暑熱的種類，請移至於屋子東側，過午之後沒有日照的場所，或是用遮光網或遮陽簾等工具進行遮光管理。淋到雨會有不良後果，所以也要做好避免雨淋的措施。 　要確實給水，若是連續晴天的話，就3天給水1次，不耐暑熱的，則1週給水1次會比較安心。葉間積水可能會造成腐爛，所以請對著植株基部的盆土給水。

 秋季的管理 （9～11月）	**日照要充足。給水要逐漸減少** 　夏季期間被搬至涼爽半日陰處避難的植株，可以移回日照良好的地方，享受充足的陽光。給水的間隔時間要慢慢拉長，到11月時約到達2週給水1次的程度。秋季若給水過多，冬季會比較容易凍傷。 　夏季期間長大的植株，很適合在這個時期利用分株、換土修整植株的外形。將植株從盆器裡拔出來，分株成適當的大小，用新的培養介質進行移植。此時，要確認根部是否有長白色的小蟲（粉介殼蟲），若有的話，要用水沖洗乾淨或施用殺蟲藥劑。

 冬季的管理 （12～2月）	**不耐寒的要移至室內。極少量給水** 　景天屬的虹之玉或虹之玉錦這一類，有的會轉成紅色，有的在這個時期開花，雖說是休眠期還是能享受栽種樂趣。此期間移至室內會比較安心，但是非常耐寒的放在戶外也沒關係。戶外的最佳放置地點，是在北風吹不到的向陽處。放在室內的話，最好置於沒有暖氣的場所。若放在溫暖的地方，植株會開始生長，可能會造成徒長現象。要極少量給水，大概1個月給水1次，讓介質稍微濕潤的程度就夠了。 註：文中描述是以日本氣候為準，在台灣需根據實際栽種狀況做調整。

冬型種的栽培方法

於秋冬至春季期間生長，夏季休眠的稱為冬型種。有很多原生種來自冬季多雨的地中海沿岸、歐洲山地、南非至納米比亞的高原地帶等等的冷涼地區，不太能承受嚴熱的夏天。生長模式亦和一般的草花植物不同，栽培上要特別注意。有像生石花屬或肉錐花屬之類，擁有透明葉窗的種類，也有看似枯掉的植物體卻能長出新葉子（脫皮）的種，具備許多有趣特質，是充滿魅力的種類，非常建議大家栽種。

冬型的多肉植物

● 獨尾草科（百合科）
Bulbine 屬等等

● 番杏科
肉錐花屬、神風玉屬、生石花屬等等

● 景天科
艷姿屬、卷絹屬、青鎖龍屬的一部分等等

● 其它科
椒草屬等等

從左至右，椒草屬、*Bulbine* 屬、碧魚連屬、肉錐花屬

從左至右，生石花屬、風鈴玉屬、艷姿屬、卷絹屬

四季栽培要領

越夏是最大的問題。夏季期間的給水是最大的重點，完全斷水雖是其中一種方法，但有的種若是過度乾燥，可能會枯死。不要淋雨也是很重要的一點。置於通風良好的地方，讓其安安靜靜地休眠吧！

SPRING

春季的管理
（3～5月）

日照要充足。1 週給水 1 次

是許多種生長最旺盛的時期，也有在這個期間開花的種類。冬季期間放在室內日照不足的植株，在這個時候最好拿出去接受充份的日照吧！給水時要給到水從盆器底部流出的程度。下一次要等盆土表面乾燥的 2～3 天後再給水。盆器的大小和放置的場所可能會有影響，但原則上大概是 1 週給水 1 次。

進入 5 月時，生石花屬等種類的表面會出現看似乾枯的情況，請不用擔心，很快就會從枯掉的葉子中心長出新的葉子。

SUMMER

夏季的管理
（6～8月）

不要淋雨。不要給水，或是用噴霧的方式給水

生石花屬或肉錐花屬等等，在夏季給水，經常會造成腐爛，最好斷水強制讓它休眠。但是，小型植株若過度乾燥，有可能會枯死，可以 1 個月 1 次，用噴霧等方式給水至盆土表面微濕的程度。蓮花掌屬等種類，以 1 個月 1 次為原則，給水至盆土稍微濕潤的程度即可。

請置於淋不到雨的涼爽日陰處。有時會因為雷雨或颱風，雨水打進來而導致腐爛的狀況發生，所以要十分注意。

AUTUMN

秋季的管理
（9～11月）

日照要充足。1 週給水 1 次

早晨和傍晚變涼快之後，請將原本置於日陰處的植株搬至日照良好的場所，接受充足的日照，同時恢復給水。給水方式和春季一樣，以大約 1 週 1 次為原則。呈現枯萎狀態的生石花屬之類的品種，也會回復水嫩的模樣。像肉錐花屬會在春季脫皮，也會脫去枯掉的外皮長出新的葉子。艷姿屬和卷絹屬亦開始生長。也有此時葉片會變色的種類。冬型種的施肥最適季節就是秋天。可 1 個月施予 1 次依建議比例稀釋的液肥。

WINTER

冬季的管理
（12～2月）

移至室內。1～3 週給水 1 次

冬季要在室內栽培。一進入 12 月就要準備移至室內，即使在室內，也要放在窗邊等明亮的地方，盡量讓其接受日照。要避免放在暖爐附近或暖氣等熱風會直接吹到的場所。一天當中要偶爾開窗，讓新鮮的空氣流入。夜間的溫度最好要在攝氏 5 度以上。雖說是冬型種，但是隆冬時生長會變遲緩。給水也要有所控制。但是，有暖氣的房間因濕度較低，盆土乾燥的速度可能會加快，所以要經常觀察，適度給予水分。

註：文中描述是以日本氣候為準，在台灣需根據實際栽種狀況做調整。

春秋型種的栽培方法

　　夏季和冬季時休眠，只有在春季和秋季比較舒適的季節生長的種類。原產於夏季也不會太熱的熱帶或亞熱帶高原地區的種類，很多都屬於這個族群。雖然有時會被認為是夏型種，但植株容易因為夏季的暑氣而受傷，所以夏季時最好還是休眠比較安全。基本的栽培方法和夏型種相同，盛夏時則要跟冬型種一樣斷水休眠。

春秋型的多肉植物

● 獨尾草科（百合科）
鷹爪草屬、炎之塔屬等等

● 景天科
石蓮屬、天錦章屬、青鎖龍屬等等

● 菊科
千里光屬

● 其它科
蠟泉花屬、吹雪之松屬等等

從左至右，吹雪之松屬、炎之塔屬、鷹爪草屬、天錦章屬

從左至右，天錦章屬、青鎖龍屬、石蓮屬、千里光屬

四季栽培要領

討厭高溫多濕，所以夏季最好讓其休眠比較安心。在氣候涼爽的地區，夏季期間雖然也可讓其生長，但是生長的高峰是在春季和秋季。春、秋兩季要助其順利生長，夏季和冬季則讓其安靜休眠。

SPRING

春季的管理
（3～5月）

日照要充足。1 週給水 1 次

在此期間開始生長，放在日照和通風良好的屋簷下等等地方，讓其接受充份的日照。但是，鷹爪草屬家族即使在原生地，也是在岩石遮蔽處等等較隱蔽的地方生長，所以最好置於明亮的半日陰處。給水時要給到水從盆器底部流出的程度。下一次要等盆土表面乾燥的 2～3 天後，盆內確實乾燥時才給水。盆器的大小和放置的場所可能會有影響，但原則上大概是 1 週給水 1 次。基本上不太需要施肥，若想施肥的話，5～7 月是比較適當的時候。1 個月施予 1 次依建議比例稀釋的液肥。

SUMMER

夏季的管理
（6～8月）

置於通風良好的日陰處。不給水或是少量給水

因為不耐暑熱，大多數都要斷水休眠。但是，鷹爪草屬之類，太乾燥的話會從周圍較老的葉片開始依序乾枯，所以不能像冬型種那樣完全斷水。以 1 個月 1 次為原則，給水至盆土輕微濕潤的程度，偶爾用噴霧等方式稍微濕潤盆土的表面。最佳的置放場所是通風良好，不會淋到雨的涼爽日陰處。

AUTUMN

秋季的管理
（9～11月）

日照要充足。1～2 週給水 1 次

夏季期間被搬至涼爽半日陰處避難的植株，可以移回日照良好的地方，享受充足的陽光。但是，鷹爪草屬家族終年都要放在明亮的半日陰處栽培。

給水跟春季一樣，回復到 1 週 1 次的程度。隨著天氣變冷，要慢慢拉長間隔，到 11 月時約到達 2 週給水 1 次的程度。秋季若給水過多，冬季時植株會比較容易凍傷。

WINTER

冬季的管理
（12～2月）

不耐寒的要移至室內。1 個月給水 1 次

隨著氣溫下降，生長速度會逐漸變慢，耐寒的種類放在戶外也沒關係，但是移至室內會比較安心，最好置於沒有暖氣的場所。日照良好的場所雖然比較好，但是因為處於休眠，並無需要特別留心的地方。只要偶爾打開窗戶通風即可。給水量要大幅減少，大概 1 個月給水 1 次，給水至盆土輕微濕潤的程度也沒關係。即使培養介質乾掉亦不會有問題。

若放置於戶外，最佳地點是在北風吹不到的向陽處。

註：文中描述是以日本氣候為準，在台灣需根據實際栽種狀況做調整。

多肉植物的換土

母株要 2 ～ 3 年換土一次

大多數多肉植物因為生長緩慢，不用像草花植物或是觀葉植物之類的盆栽，需要每年換土。但是若疏於換土，根部會過於茂盛，無處伸展，到了夏季就容易枯死，因此要 2 ～ 3 年換土一次。還有，用葉插法培育出來的幼苗，一年換土一次的話，生長會比較良好。

分株繁殖

會長出小苗形成叢生狀的種類，雖然也可以任其自然生長，但植株太大的話，會變得不好照料，此時就需要進行分株。

鷹爪草屬、蘆薈屬或是龍舌蘭屬等粗根性植物，需注意不要切到根部或讓根部乾燥，種入盆器之後需馬上給水。

粗根型的換土方式 〈蘆薈的分根〉

1

植株增生跑出盆器外面的蘆薈，該進行分株換土了！

2

取出從盆器裡拔起的側芽。請注意盡量不要切到根部。

3

將枯掉的葉子和受傷的根部切除，馬上種植到新的栽培介質裡。

4

將小植株種入小盆器內。種植後立即給水。

細根型的換土方式 ⟨仙人掌的分株⟩

1

仙人掌長出許多小苗,並到了適合換土的季節。

2

小心不要被刺刺傷,用小鉗子之類的工具將植株拔起。

3

用剪刀將植株剪開。手拿植株時請用保麗龍片之類的東西隔著,才不會被刺傷。

4

清掉根部的舊土,把較長的根剪短。

5

分株完成的仙人掌。植株沒有根也沒關係,放置約一個星期,讓切口完全乾燥。

6

切口完全乾燥後,種入乾燥的栽培介質裡。3～4天後再給水。

葉插法繁殖
枝插法繁殖

石蓮屬、景天屬、青鎖龍屬等等葉數較多的多肉植物，

用葉插法或枝插法很簡單就能繁殖。

多培育一些小苗，拿來做多肉組盆的材料吧！

做法非常簡單，

繁殖最適時機就是各別品種的生長期。

HOW TO

葉插法

景天屬、伽藍菜屬、石蓮屬、青鎖龍屬等等，大多數多肉植物的再生能力都很強，小小一片葉子就能發芽變成幼苗。只需很少的時間，一次就能培育出許多幼苗。

1

做法很簡單，只要取下葉子放在土上面就可以了，很快就會發芽長根，變成幼苗。若怕忘了該品種的名字，可以製作標籤立牌插在旁邊。

2

等幼苗長大就可移植到盆器裡，一個盆器裡也可以同時種好幾株幼苗。用來繁殖的葉片若覺得累贅，也可以拿掉。

枝插法

枝插繁殖時，切口要完全乾燥是重點。
若切下來就馬上種植，可能會從切口開始腐爛，
請放在通風良好的地方，等根長出來再種植。

1

剪下留有1公分莖部的帶葉枝條做為插穗。親
株的切口附近之後還會長出新芽。

2

切下來的插穗要放在通風良好的地方，讓切口
完全乾燥。平放的話，莖可能會彎曲，所以盡量
直立放置。

3

1～2週的時間，切口附近會開始發根，就可以
種入盆器。栽培介質選擇仙人掌或多肉植物專
用會比較好，但是選普通草花植物用的也可以。

4

在種入盆器時要小心不要傷到根部，種好之後
一個星期以內都不要給水。

享受實生栽培的樂趣

最近很流行實生栽培。所謂的實生，就是用播種的方法培育小苗。

看著小小的種子發芽，在旁守候著小苗一點一滴慢慢長大很有樂趣。

拿不同的品種來交配，有可能會培育出別人沒有的全新品種，

只需花一點點小工夫，過程一點都不困難。

試著培育看看多肉植物的小寶寶吧！

1

仙人掌的實生苗（播種之後約 1 年），差不多是該分盆的時候了，但是若想讓它們繼續這樣群生也蠻有趣的。

2

生石花屬的實生苗（播種之後約 1 年）。從一顆果實裡取出的種子就可培育出許多小苗，生長的速度各不相同。

3

3 年實生的生石花屬小苗擠得滿滿的。各異其趣的花紋，令人賞心悅目。

利用交配得到的種子來播種，會生出兼具兩個親本之性質的後代。左邊是雪蓮（*Echeveria laui*），右邊是卡蘿拉（*Echeveria colorata*），前面是它們的後代。

交配的方法

雖然可以昆蟲為媒介授粉，以自然的方式取得種子，

但若想確保取得種子，或是想要異種交配時，就要用人工授粉的方式

遇到花期不同的情況時，可將花粉放在冰箱保存，還是能進行交配。

1

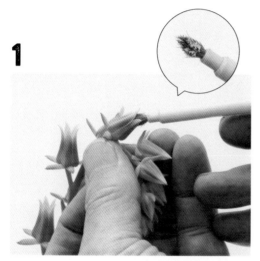

拿細毛筆前端伸入父本的花裡（剛要開花的最好），旋轉 2～3 次，讓筆毛沾附花粉，再伸入母本的花裡，將花粉沾在雌蕊的頂端。

2

將父本和母本的名字，以及人工授粉的日期寫在標籤上，附在完成人工授粉的花上。

3

受粉成功的話，果實會長大並結出種子。趁著果實自然裂開，種子飛散之前，用剪刀之類的工具，小心地將附有標籤的果實取下。

4

在白紙上將果實切開，將裡面的種子取出。因為種子非常細小，可用濾茶網之類有著細網的工具，將種子和花梗碎片等不要的東西篩選開來。

播種和換土

　一取下種子就馬上播種是最基本的。將播好種的盆器或育苗盤，放在裝了水的托盤上，管理上不能使其處於乾燥狀況。有時要將近一年的時間才會發芽，所以請耐心等待。

1

將篩選好的種子撒在盆器或育苗盤的土表面上。請使用細顆粒蛭石之類的乾淨栽培介質。最後不要忘了寫標籤哦！

2

石蓮屬發芽了。長出 1～2mm 左右的小葉子。幼苗順利生長之後，以數株幼苗為單位進行分苗種植。

3

分苗種植後經過 2～3 個月，等苗長大之後，將數個幼株移植至盆器。等發根之後，管理上就跟親株一樣。

4

一個盆器只種一株的石蓮屬實生苗。無論是顏色還是外形都表現出不同的個性，相當有趣。

── INDEX ──

多肉植物・仙人掌圖鑑
索引

多肉植物・仙人掌圖鑑 800

多肉植物ハンディ図鑑―サボテン & 多肉植物 800 種類を紹介！

監　　修	仙人掌諮詢室・羽兼直行
譯　　者	謝靜玫
社　　長	張淑貞
副總編輯	許貝羚
主　　編	王斯韻
責任編輯	鄭錦屏
特約美編	謝薾鎂
行銷副理	王琬瑜
版權專員	吳怡萱

發 行 人　何飛鵬
PCH 生活事業群總經理　許彩雪
出　　版　城邦文化事業股份有限公司　　麥浩斯出版
E-mail　　cs@myhomelife.com.tw
地　　址　104 台北市民生東路二段 141 號 8 樓
電　　話　02-2500-7578
傳　　真　02-2500-1915
購書專線　0800-020-299
發　　行　英屬蓋曼群島商家庭傳媒股份有限公司城邦分公司
地　　址　104 台北市民生東路二段 141 號 2 樓
電　　話　02-2500-0888
讀者服務電話　0800-020-299（9:30AM~12:00PM；01:30PM~05:00PM）
讀者服務傳真　02-2517-0999
劃撥帳號　19833516
戶　　名　英屬蓋曼群島商家庭傳媒股份有限公司城邦分公司

香港發行城邦〈香港〉出版集團有限公司
地　　址　香港灣仔駱克道 193 號東超商業中心 1 樓
電　　話　852-2508-6231
傳　　真　852-2578-9337
新馬發行　城邦〈新馬〉出版集團 Cite(M) Sdn. Bhd.(458372U)
地　　址　41, Jalan Radin Anum, Bandar Baru Sri Petaling,57000 Kuala Lumpur, Malaysia.
電　　話　603-9057-8822
傳　　真　603-9057-6622

製版印刷　凱林彩印股份有限公司
總 經 銷　聯合發行股份有限公司
電　　話　02-2917-8022
傳　　真　02-2915-6275
版　　次　初版 19 刷 2024 年 4 月
定　　價　新台幣 450 元／港幣 150 元
Printed in Taiwan

國家圖書館出版品預行編目（CIP）資料

多肉植物・仙人掌圖鑑 800 / 仙人掌諮詢室・羽兼直行 監修；
謝靜玫譯 . -- 初版 . -- 臺北市：麥浩斯出版：
家庭傳媒城邦分公司發行，2015.11
　面；　公分
譯自：多肉植物ハンディ図鑑：サボテン & 多肉植物 800 種類を紹介！
ISBN 978-986-408-074-8（平裝）

1. 仙人掌目 2. 植物圖鑑

435.48　　　　　　　　　　　　　　　104017066